U0391403

国家中职示范校烹饪专业课程系列教材

西点工艺

XIDIAN GONGYI

车京云 主编

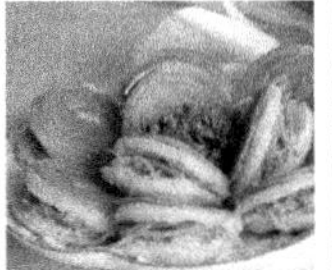

知识产权出版社

图书在版编目（CIP）数据

西点工艺/车京云主编. —北京：知识产权出版社，2015.8（2019.8 重印）
ISBN 978-7-5130-3665-8

Ⅰ. ①西… Ⅱ. ①车… Ⅲ. ①西点－制作－中等专业学校－教材 Ⅳ. ①TS213.2

中国版本图书馆 CIP 数据核字(2015)第 165054 号

内容提要

《西点工艺》共 4 个项目，10 个任务，主要内容包括裱花蛋糕的制作、西式蛋糕的制作、面包的制作、酥性面团的制作、清酥面团的制作、慕斯果冻的制作等。各项目均配有项目拓展与训练的实训题，以便学生将所学知识融会贯通。

本教材可作为高技能人才培训基地、高职高专、技工院校烹饪专业教学实训用书。

责任编辑：彭喜英　　责任印制：孙婷婷

西点工艺

车京云　主编

出版发行：知识产权出版社有限责任公司　网　址：http://www.ipph.cn
http://www.laichushu.com
电　话：010-82004826
社　址：北京市海淀区气象路 55 号院　邮　编：100088
责编电话：010-82000860 转 8539　责编邮箱：laichushu@cnipr.com
发行电话：010-82000860 转 8101　发行传真：010-82000893
印　刷：北京虎彩文化传播有限公司　经　销：各大网上书店、新华书店及相关专业书店
开　本：880mm×1230mm　1/32　印　张：4.75
版　次：2015 年 8 月第 1 版　印　次：2019 年 8 月第 2 次印刷
字　数：113 千字　定　价：20.00 元
ISBN 978-7-5130-3665-8

出版权专有　侵权必究

如有印装质量问题，本社负责调换。

牡丹江市高级技工学校

教材建设委员会

主　　任　原　敏　杨常红

委　　员　王丽君　卢　楠　李　勇　沈桂军
刘　新　杨征东　张文超　王培明
孟昭发　于功亭　王昌智　王顺胜
张　旭　李广合

本书编委会

主　　编　车京云

副 主 编　林　鹏　马良荣

编　　者

学校人员　苏德胜　李　旭　邱腊梅　许春艳
邢冬燕　高慧丽　孙　丽

企业人员　张艳双　吴瑞娥　高　尚

Preface

前　言

2013 年 4 月，牡丹江市高级技工学校被三部委确定为“国家中等职业教育改革发展示范校”创建单位，为扎实推进示范校项目建设，切实深化教学模式改革，实现教学内容的创新，使学校的职业教育更好地适应本地经济特色，学校广泛开展行业、企业调研，反复论证本地相关企业的技能岗位的典型任务与技能需求，在专业建设指导委员会的指导与配合下，科学设置课程体系，积极组织广大专业教师与合作企业的技术骨干研发和编写具有我市特色的校本教材。

在示范校项目建设期间，我校的校本教材研发工作取得了丰硕成果。2014 年 8 月，《汽车营销》教材在中国劳动社会保障出版社出版发行。2014 年 12 月，学校对校本教材严格审核，评选出《零件的数控车床加工》《模拟电子技术》《中式烹调工艺》等 20 册能体现本校特色的校本教材。这套系列教材以学校和区域经济作为本位和阵地，在学生学习需求和区域经济发展分析的基础上，由学校与合作企业联合开发和编制。教材本着“行动导向、任务引领、学做结合、理实一体”的原则编写，以职业能力为核心，有针对性地传授专业知识和训练操作技能，符合新课程理念，对学生全面成长和区域经济发展也会产生积极的作用。

各册教材的学习内容分别划分为若干个单元项目，再分为若干个学习任务，每个学习任务包括任务描述及相关知识、操作步骤和方法、思考与训练等。各册教材适合各类学生学用结合、学以致用的学习模式和特点，适合各类中职学校使用。

《西点工艺》是为适应国家中职示范校建设的需要，为开展烹饪专业领域高素质、技能型才培养培训而编写的新型校本教材。本书共4个项目,13个任务,主要内容包括裱花蛋糕的制作、西式蛋糕的制作、面包的制作、酥性面团的制作、清酥面团的制作、慕斯果冻的制作等。由于时间与水平有限，书中不足之处在所难免，恳请广大教师和学生批评指正，希望读者和专家给予帮助指导!

牡丹江市高级技工学校校本教材编委会

2015年3月

Contents

目 录

项目一

裱花蛋糕

一、蛋糕装饰的分类

蛋糕装饰的种类有：①传统蛋糕（裱型）；②巧克力蛋糕（淋挂）；③翻糖蛋糕（捏塑）；④欧式蛋糕（点缀）；⑤陶艺蛋糕（点缀）；⑥翻糖蛋糕（捏塑）。

传统蛋糕

巧克力蛋糕

翻糖蛋糕

欧式蛋糕

翻糖蛋糕

（1）传统蛋糕多以鲜奶油裱花手法装饰；

（2）巧克力蛋糕多采用巧克力酱淋面；

（3）翻糖蛋糕使用糖粉团捏塑造型；

（4）欧式蛋糕多点缀水果和其他饰件；

（5）陶艺蛋糕采用鲜奶油雕塑造型搭配水果和其他饰件装饰。

二、裱型的概念

裱型就是将用料装入裱花袋（裱花纸）中，用手挤压，使装饰用料从花嘴中被挤出，形成各种各样的艺术图案和造型。

三、裱型常用的工具

1. 裱型常用的工具

转台、抹刀、锯刀、剪刀、油纸、裱花袋、裱花嘴、裱花棒、毛巾、喷枪、台式搅拌机、保鲜柜、蛋糕盒、蛋糕坯模等。

2. 裱型常用的工具用途

台式搅拌机：用来打发奶油。

转台：蛋糕成形前都在转台上完成。主要用于调节角度和速度。

抹刀：用来抹平奶油。

锯刀：做夹层蛋糕需要锯刀切蛋糕。

油纸：装鲜奶油做裱花用。

裱花袋：装鲜奶油做裱花用。

花嘴：裱花的主要工具，可做花边、花卉、动物、人物等。

喷枪：用于蛋糕喷色，有着特殊的着色效果。

剪刀：用于剪油纸和裱花袋。

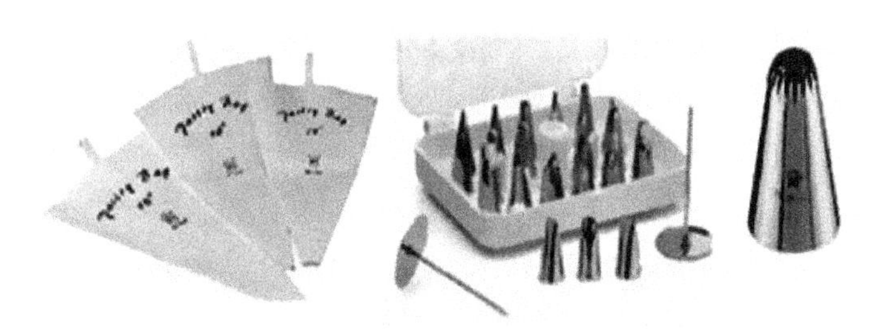

裱花袋、裱花嘴

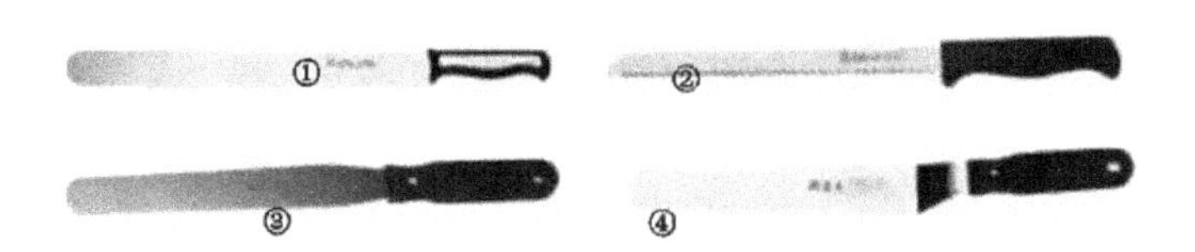

①西点刀　②锯齿　③抹刀　④弯型抹刀

台式小型搅拌机的组成部分包括：

（1）搅拌机上盖；（2）速度调节控制开关；（3）搅拌缸；（4）缸体固定卡槽；（5）缸体托架；（6）旋转头；（7）花叶形搅拌头；（8）花蕾形搅拌头。

台式小型搅拌机

四、裱型常用的原材料及使用方法

1. 裱型常用的原材料

植脂奶油（鲜奶油）、果膏、巧克力酱、色素、喷粉、金珠、银珠、糯米托等。

金钻鲜奶油

水果果膏

巧克力酱

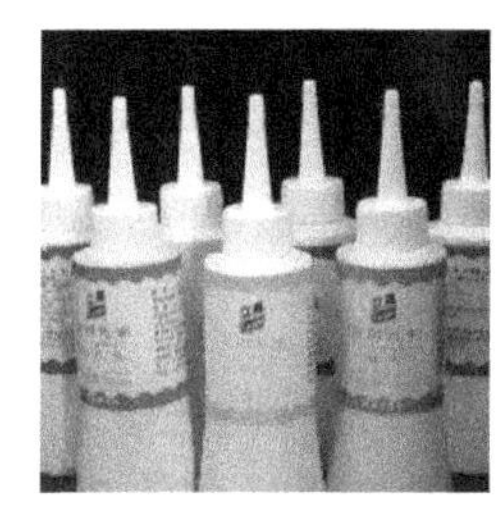
裱花色素

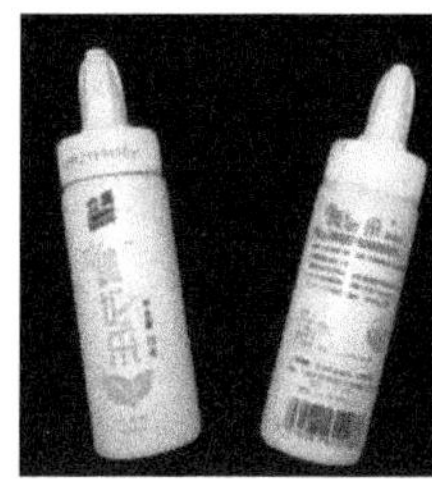
裱花喷粉

糯米托

2. 植脂奶油（鲜奶油）的使用方法

植脂奶油是裱花蛋糕的主要原料之一，植脂奶油打发质量的好坏会影响裱型的造型，所以搅打奶油这一点非常之关键。

1）植脂奶油的解冻

未开盒的鲜奶油应储存于 -18℃的冰柜之中。冬天使用时，提前 3 天从冷冻柜（-18℃）取出放到冷藏柜（2 ～ 7℃）解冻；

夏天使用时，提前 1 天从冷冻柜取出放到冷藏柜解冻。未打发的奶油储存中不能反复解冻、冷冻。否则，会影响鲜奶油品质。

2）植脂奶油的打发温度

鲜奶油的打发温度和室温有很大的关系。室温要求在 15 ～ 20℃之间最佳。

如果室温在 0 ～ 18℃，鲜奶油的打发温度在 4 ～ 8℃；室温在 18 ～ 30℃，鲜奶油的打发温度在 –4 ～ –2℃，稍带冰粒没有完全解冻。在以上这两种温度下打发起来的鲜奶油温度一般为 13 ～ 16℃。鲜奶油的打发温度会直接影响奶油的打发量、稳定性和口感。如温度过高或过低，鲜奶油打发量会减少，易起泡，口感不好，入口不易化。

3）植脂奶油打发工艺流程

半解冻鲜奶油→慢速（溶冰碴）→中速（打至黏稠，湿性发泡）→中高速（打至软尖峰状，中性发泡）→中速（均匀、细腻）→慢速（消泡使奶油质感柔软光滑）。

（1）为什么要分三种速度打发鲜奶油呢?

原因是如果在有冰粒的情况下快速打发，冰粒和解冻的鲜奶油不断地摩擦，把鲜奶油里面的结构打断。打起来的奶油稳定性不强，容易发泡变软。用中快速的原因是液体进入空气会不断地膨胀，油膜裹住膨胀的气泡，外面被一层液体包住，打发进入的空气膨胀到最适宜的程度。若打发的速度太快，进入的空气太多，液体气泡膨胀的程度会超出并破裂，奶油容易变粗发泡，不宜裱花及制作其他产品。最后慢速搅拌是把液体气泡膜与膜之间的空气排掉，令奶油更光滑、细腻、稳定性更强。

（2）鲜奶油打发程度及其适用产品如下表。

湿性发泡（5~6 成）	中性发泡（7 成）	干性发泡（8 成）
状态：用搅拌球快速垂直拉出呈抛物线状，快速下垂，光泽度高，气孔分布细腻	状态：用搅拌球快速垂直拉出呈鸡尾状，有可塑性，无下垂现象，光泽度高，气孔分布细腻	状态：用搅拌球快速垂直拉出呈尖峰状，光泽度较差，气孔大
较适合：浮雕、人物、动物的制作	较适合：半坐式人物及动物、毛笔画、陶艺蛋糕（常用型）	较适合：造型式立体蛋糕和局部造型面等（如寿桃面、较难的陶艺蛋糕等）

4）植脂鲜奶油的品牌

植脂鲜奶油的品牌有金钻、汝之友、一支花等。

五、裱型操作手法

1. 裱型方法

1）布袋挤法

先将布袋装入裱花嘴，用左手虎口抵住裱花袋的中间，翻开内侧，用右手将所需材料装入袋中，切忌装得过满，装半袋为宜。材料装好后，将口袋翻回原状，同时把口袋卷紧，内侧空气自然被挤出，使裱花袋结实硬挺，挤时右手虎口捏住裱花袋上部，同时手掌握裱花袋，对着蛋糕表面挤出，此时原料经由花嘴和操作

者的手法动作，自然形成花纹。

2）纸卷挤法

将纸折成三角形，卷成一头小，一头大的喇叭形，然后装入原料，用右手的拇指、食指和中指攥住纸卷的上口用力挤出。

2. 裱花嘴的角度

（1）裱花嘴水平：裙边。

（2）裱花嘴倾斜：逗号边。

（3）裱花嘴垂直：吊线围边、曲奇。

3. 裱花常用的基本手法

平挤法、斜挤法、直挤法、线描法、绕挤法、点绘法、抖挤法、提挤法等。

4. 裱花手法操作要点

1）裱头的高低和力度

裱头高，挤出的花纹瘦弱无力，齿纹模糊；裱头低，挤出的花纹粗壮，齿纹清晰。裱头倾斜度小，挤出的花纹瘦小;倾斜度大，挤出的花纹肥大。裱注时用力大，花纹粗大有力；用力小，花纹纤细柔弱。

2）裱头运行速度

不同的裱注速度制成的花纹风格不大相同，若需粗细大小都均匀的造型，其裱注速度应较迅速，若需变化有致的图案，裱头运行速度要有快有慢，使挤成的图案花纹轻重协调。

任务一　奶油蛋糕面坯的制作

（一）圆直角坯的制作

1. 原料

（1）植脂鲜奶油：500 克。

（2）蛋糕坯：1 个。

2. 工具

转台、鲜奶搅拌机、抹刀、毛巾。

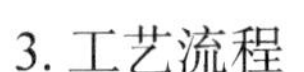

3. 工艺流程

植脂奶油解冻→植脂奶油的打发→抹蛋糕表面→抹蛋糕侧壁→收蛋糕表面。

4. 制作方法

（1）植脂奶油解冻：提前 1~3 天从冷冻柜（–18℃）取出放到冷藏柜（2 ～ 7℃）解冻。

（2）植脂奶油的打发：慢速（溶冰碴）→中速（湿性发泡）→中高速（中性发泡）→慢速（消泡使奶油质感柔软光滑）。

（3）将蛋糕坯放到转台的中心位置。

（4）将打好的鲜奶油放到坯子的中间。

（5）握好抹刀。握刀方法：将食指放到抹刀的中间，拇指放到刀把和刀身之间，其余手指握住刀把即可。

（6）把抹刀的尖部放到奶油的中间，抹刀与奶油的角度为 45°角，左手转动转台，食指轻轻用力，手腕左右动，抹刀随手腕的力量左右动，边转边抹，抹刀的角度越来越小，最后与坯子平行，紧贴在奶油上，将蛋糕面上抹满奶油。注意是手腕动，胳膊不动。

（7）抹侧边时，抹刀放在坯子左侧的蛋糕壁上，垂直于转台，左手转动转台，食指轻轻用力，手腕左右动，将蛋糕壁上抹满奶油，抹刀与糕体呈 45° 角，轻轻贴住奶油，转动转台，将其收平。

（8）将抹刀放到蛋糕表面的边缘部位，抹刀与蛋糕表面呈 45° 角，食指轻轻用力压下，向前收刀。反复几次，将表面收平。最后几下抹刀要伸得长一点，尽量长地接触到蛋糕表面，这样才会收得更平。

5. 质量标准

蛋糕坯呈圆形，表面平整光滑，膏体细腻，直角突出，形态完整。

6. 技术要点

（1）刀具掌握要平稳，用力要均匀。

（2）正确掌握抹刀的角度（45° 角），保证制品的光滑平整。

（3）抹之前抹料必须先搅拌均匀、细腻，软硬度适当。

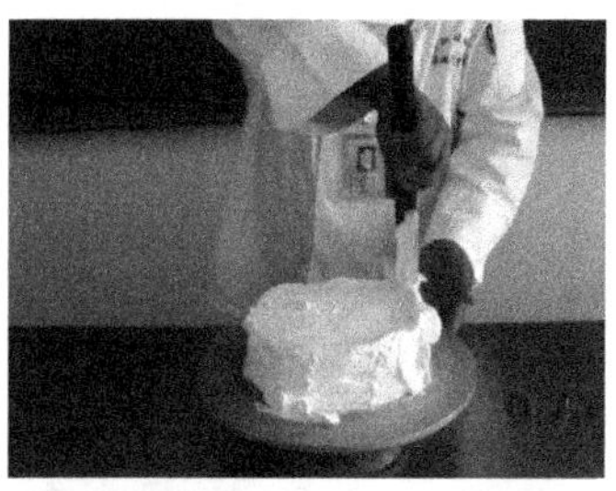

（二）圆弧形坯的制作

1. 原料

（1）植脂鲜奶油：500 克。

（2）蛋糕坯：1 个。

2. 工具

转台、鲜奶搅拌机、抹刀、毛巾。

3. 工艺流程

植脂奶油解冻→植脂奶油的打发→修蛋糕坯→抹圆弧形坯→蛋糕侧壁、表面。

4. 制作方法

（1）植脂奶油解冻：提前 1 ～ 3 天从冷冻柜（–18℃）取出，放到冷藏柜（2 ～ 7℃）解冻。

（2）植脂奶油的打发：慢速（溶冰碴）→中速（湿性发泡）→中高速（中性发泡）→慢速（消泡使奶油质感柔软光滑）。

（3）将蛋糕坯表面边缘部分用锯齿刀削掉。

（4）先抹圆直角坯。

（5）再用抹刀将边缘部分多余的奶油抹掉。

（6）用塑料刮片修出弧形。手握塑料刮片的方法是：拇指放到刮片的中间，其余四个手指均匀展开，拇指和四个手指同时用力，根据蛋糕的大小、高低，将刮片握出与蛋糕侧面弧度相近的弧形。

（7）用以上正确姿势握好刮片，放到蛋糕侧面，转动转台，将其抹平。注意食指的力量不要太大。

5. 质量标准

蛋糕坯表面光滑，膏体细腻，形态美观。

6. 技术要点

（1）正确掌握拿塑料刮片的方法。

（2）控制好塑料刮片的角度。

（3）抹之前抹料必须先搅拌均匀、细腻，软硬度适当。

 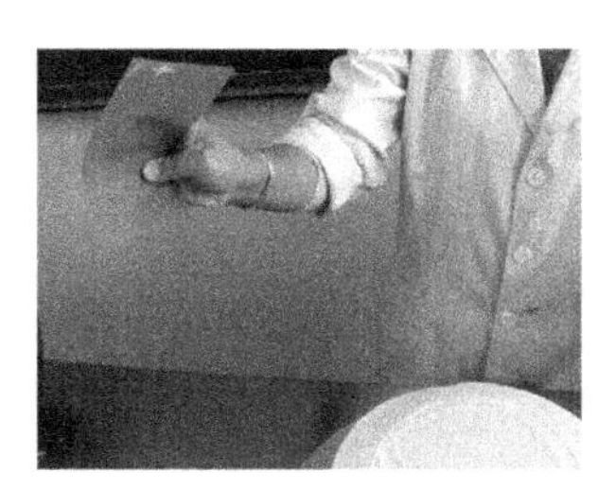

任务二　奶油蛋糕花边的制作

（一）圆锯齿花嘴（逗号边、螺旋边）

 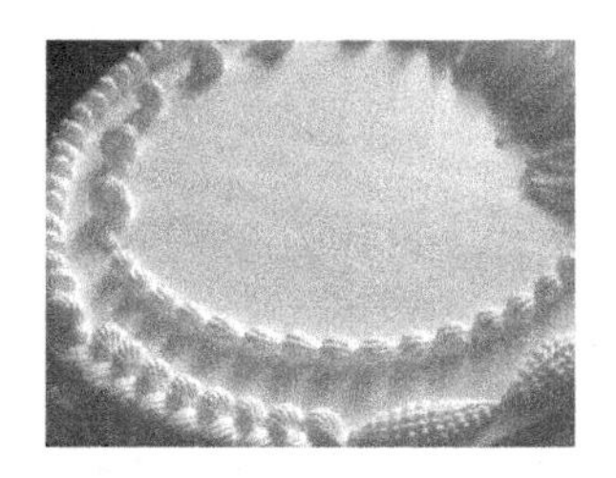

1. 原料

（1）植脂鲜奶油：500 克。

（2）蛋糕坯：1 个。

2. 工具

圆锯齿花嘴、裱花袋、抹刀、毛巾、剪刀、鲜奶搅拌机。

3. 工艺流程

奶油调色→装裱袋→裱边。

4. 制作方法

（1）逗号边（蝌蚪边、贝壳边）:将圆锯齿花嘴装入裱花袋中，然后装入打至 7 分发鲜奶油，用右手虎口处握住裱花袋，花嘴倾斜 30° ～ 40° 角，用点挤手法，重挤轻收，裱成大头小尾如逗号形状的花边。

（2）螺旋边：绕挤手法。

（3）小玉米边：抖挤手法。

（4）线条边：直拉手法。

5. 质量标准

膏体细腻、形态美观、整齐、线条流畅。

6. 技术要点

（1）裱头的高度和力度：高度 0.5 厘米、力度是重挤轻收。

（2）裱头运行速度：匀速运动。

（3）正确掌握花嘴的角度。

（二）扁锯齿花嘴（波浪边、花篮边、三步波浪边）

1. 原料

（1）植脂鲜奶油：500 克。

（2）蛋糕坯：1 个。

2. 工具

圆锯齿花嘴、裱花袋、抹刀、毛巾、剪刀、鲜奶搅拌机。

3. 工艺流程

奶油调色→装裱袋→裱边。

4. 制作方法

1）波浪边

绕挤手法。适用于围边、底围。

（1）裱制方法：右手持裱花袋与糕体面呈 30° ～45° 角，让扁锯齿嘴与糕体面呈 30° 角，匀速用力挤制和移动，绕出波浪边。

（2）技术要点：①裱花袋与糕体面呈 30° ～45° 角。②花嘴与糕体面呈 30° 角。③匀速用力挤制。④匀速等距移动，一气呵成。

2）花篮边

平挤手法，适用于蛋糕面、侧壁。

（1）裱制方法：①右手手心向下持裱花袋与糕体侧壁呈垂直状，匀速用力从下向上挤出一条粗细均匀的竖线。②右手手心朝向自己，持裱花袋与糕体侧壁呈 30° 角，在已挤完的竖线上挤出三条粗细均匀的横线，每天横线间隔距离为一条横线的粗细。③再挤一条竖线将横线接口压住。④再挤两条

横线。

（2）技术要点：①横竖线要直。②匀速用力挤制和移动，保证线条粗细一致。③构图要美观，有立体感。

3）三步波浪边

直拉、绕挤手法。适用于蛋糕侧壁。

（1）裱制方法：右手持裱花袋与糕体面呈 30° ～ 45° 角，让扁锯齿嘴与糕体侧壁呈 30° 角，先用直拉法挤一条 120° 的弧形线条，然后用绕挤法挤三圈螺旋边，如此反复裱制。

（2）技术要点：①裱花袋与糕体面呈 30° ～ 45° 角。②花嘴与糕体面呈 30° 角。③匀速用力挤制和移动，线条流畅。

5. 质量标准

膏体细腻，形态美观，整齐，线条流畅。

6. 技术要点

（1）裱头的高度和力度：高度 0.5 厘米、用力度一致。

（2）裱头运行速度：匀速运动。

（3）正确掌握花嘴的角度。

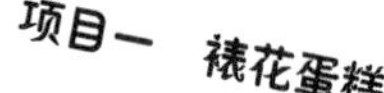

（三）玫瑰弯嘴（波浪边、三步波浪边）

1. 原料

（1）植脂鲜奶油：500 克。

（2）蛋糕坯：1 个。

2. 工具

玫瑰弯嘴、裱花袋、抹刀、毛巾、剪刀、鲜奶搅拌机。

3. 工艺流程

奶油调色→装裱袋→裱边。

4. 制作方法

1）波浪边

绕挤手法，适用于围边、底围。

（1）裱制方法：右手持裱花袋与糕体面呈 30°～45° 角，让扁锯齿嘴与糕体面呈 30° 角，匀速用力挤制和移动，绕出波浪边。

（2）技术要点：①裱花袋与糕体面呈 30°～45° 角。②花嘴与糕体面呈 30° 角。③匀速用力挤制。④匀速等距移动，一气呵成。

2）三步波浪边

直拉、绕挤手法。适用于蛋糕侧壁。

（1）裱制方法：右手持裱花袋与糕体面呈 30°～45° 角，让扁锯齿嘴与糕体侧壁呈 30° 角，先用直拉法挤一条 120° 的弧形线条，然后用绕挤法挤三圈螺旋边，如此反复裱制。

（2）技术要点：①裱花袋与糕体面呈 30° ～45° 角。②花嘴与糕体面呈 30° 角。③匀速用力挤制和移动，线条流畅。

5. 质量标准

膏体细腻，形态美观，整齐，线条流畅。

6. 技术要点

（1）裱头的高度和力度：高度 0.5 厘米、用力度一致。

（2）裱头运行速度：匀速运动。

（3）正确掌握花嘴的角度。

（四）动物嘴（小圆嘴）——藤

1. 原料

（1）植脂鲜奶油：500 克。

（2）蛋糕坯：1 个。

2. 工具

动物嘴（小圆嘴）、裱花袋、抹刀、毛巾、剪刀、鲜奶搅拌机。

3. 工艺流程

奶油调色→装裱袋→裱藤

4. 制作方法

制作方法有直挤法、拔挤法。右手持装有奶油的裱花袋，花

嘴与糕体呈 45° 角，匀速挤出线条，然后向上轻收拔出尖。

5. 质量标准

膏体细腻，形态美观，线条流畅，构图完整。

6. 技术要点

（1）裱藤时动作要连贯。

（2）裱藤时要均匀用力挤制藤条，轻力收尾。

（3）造型美观、色彩柔和。

（五）叶嘴——叶

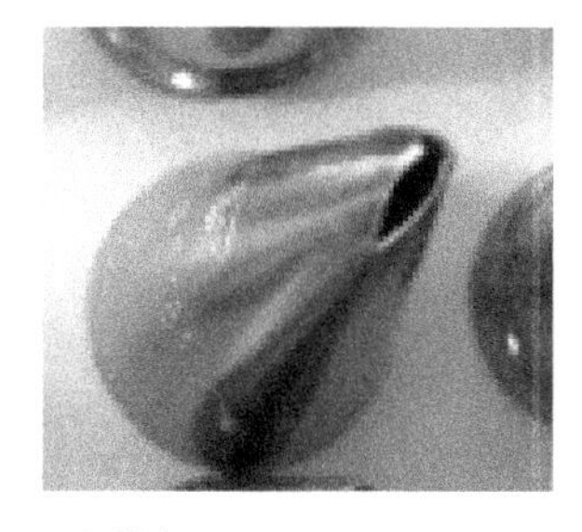

1. 原料

（1）植脂鲜奶油：500 克。

（2）蛋糕坯：1 个。

2. 工具

动物嘴（小圆嘴）、裱花袋、抹刀、毛巾、剪刀、鲜奶搅拌机。

3. 工艺流程

奶油调色→装裱袋→裱藤。

4. 制作方法

制作方法有推挤法、拔挤法。右手持装有奶油的裱花袋，花嘴与糕体呈 45° 角，用推挤法挤出叶子的底部，然后用拔挤法拔出叶子的尖部。

5. 质量标准

膏体细腻，形态美观、生动，构图完整。

6. 裱叶的注意事项

（1）裱叶时动作要连贯。

（2）造型美观、色彩柔和。

任务三　奶油蛋糕花卉的制作

（一）玫瑰花

花语：美丽和爱情。

1. 原料

（1）植脂鲜奶油：500 克。

（2）蛋糕坯：1 个。

2. 工具

直玫瑰花嘴、裱花袋、裱花棒、糯米托、抹刀、毛巾、剪刀、鲜奶搅拌机。

3. 工艺流程

奶油调色→装裱袋→裱花。

4. 制作方法

绕拉法。

（1）用玫瑰花嘴（又叫直花嘴）装入软硬适中的奶油。

（2）左手将沾有糯米托的裱花棒直立拿住，花嘴的窄口朝前，右手水平（10 分方向）握住裱花袋，走拱形挤出花瓣，下一片花瓣从前一片的二分之一处开始，依次挤出层层花瓣，在挤花瓣的同时左手向左侧转动裱花棒，并且随着花瓣的增多，裱花棒向前

方倾斜，花瓣逐渐增大。

第一层：1～3瓣；

第二层：3瓣；

第三层：4瓣；

第四层：5瓣。

5. 质量标准

膏体细腻，花形美观，排序合理，色彩柔和。

6. 裱玫瑰花的注意事项

（1）裱玫瑰花的奶油打发度应软硬适中（7成）。

（2）裱玫瑰花时右手始终走拱形，第二瓣始终从第一瓣的二分之一处开始。

（3）裱玫瑰花时左右手动作要默契、协调一致。

（4）玫瑰花的造型要美观，符合花的开放规律，花蕊要凹，花朵要圆，色彩柔和。

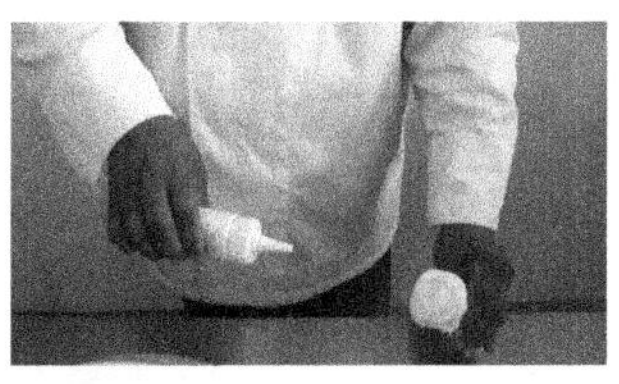
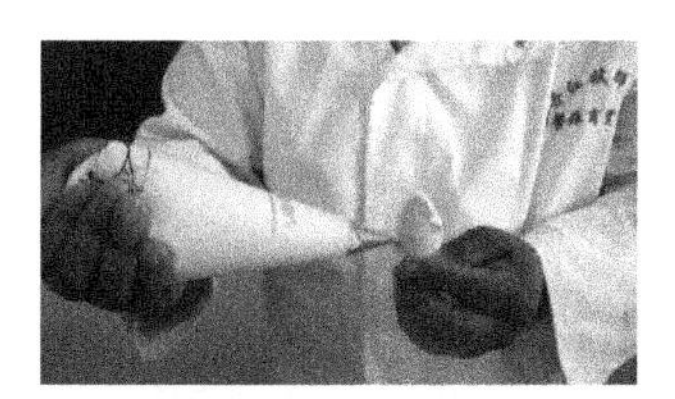
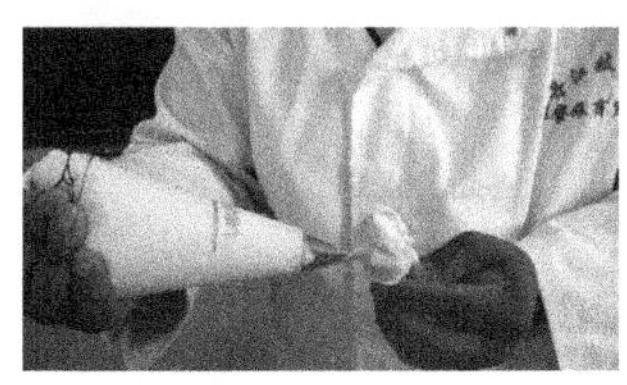
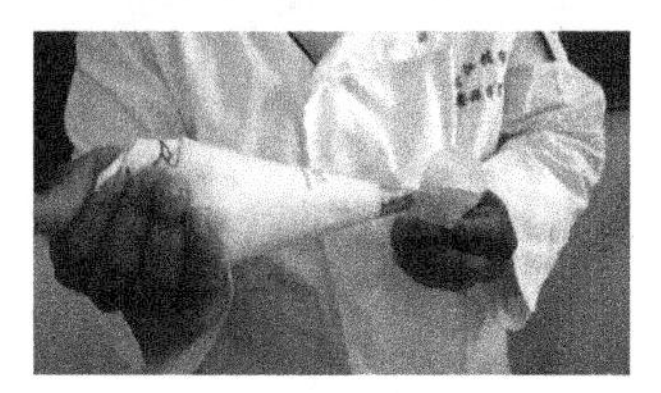

（二）百合花

花语：百年好合、顺利、祝福、心想事成。

1. 原料

（1）植脂鲜奶油：500 克。

（2）蛋糕坯：1 个。

2. 工具

百合花嘴、裱花袋、裱花棒、糯米托、抹刀、毛巾、剪刀、鲜奶搅拌机。

3. 工艺流程

奶油调色→装裱袋→裱花。

4. 制作方法

拔挤法。

（1）用百合花嘴装入软硬适中的奶油。

（2）将米托放在裱花棒的锥形部分，左手持裱花棒右倾 30° 角，右手持裱花袋，将花嘴沾着糯米托插入底部，倾斜 45° 角，重挤轻收拔出花瓣。

（3）左手稍旋转裱花棒，右手持裱花棒依次拔出 5 ～ 6 个花瓣。

5. 质量标准

膏体细腻，花形美观，花瓣大小一致，色彩柔和。

6. 裱百合花的注意事项

（1）裱百合花的奶油打发度应稍软（6 成）。

（2）裱百合花时右手要倾斜 45° 角。

（3）裱百合花时右手要重挤轻收，每个花瓣力度要一致，保证花瓣大小一样。

（4）百合花的造型要美观，色彩柔和。

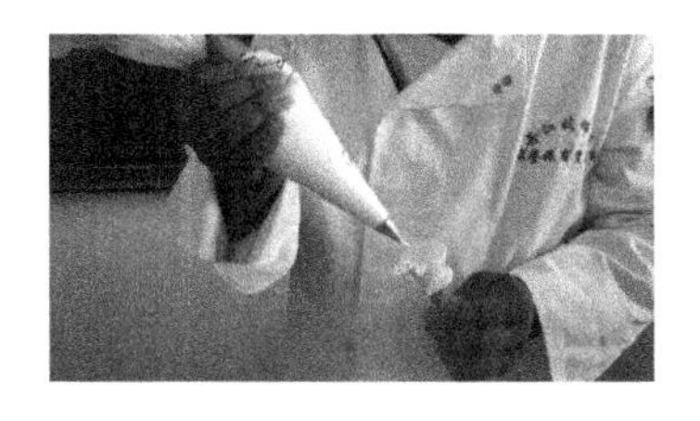
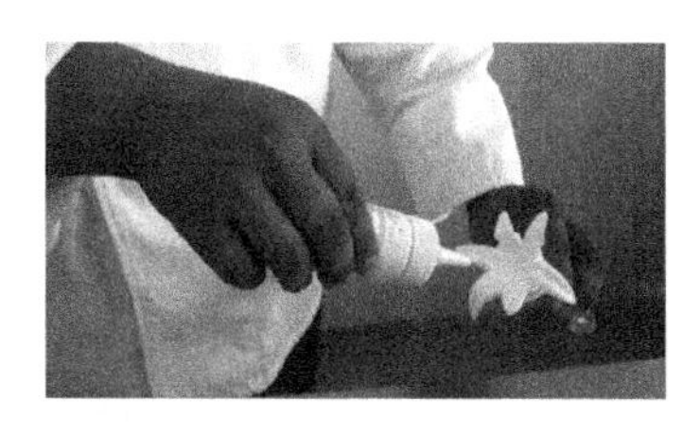

（三）五叶花

花语：幸运的象征，代表永恒。

1. 原料

（1）植脂鲜奶油：500 克。

（2）蛋糕坯：1 个。

2. 工具

弯玫瑰花嘴、裱花袋、裱花棒、糯米托、抹刀、毛巾、剪刀、鲜奶搅拌机。

3. 工艺流程

奶油调色→装裱袋→裱花。

4. 制作方法

抖挤法。

（1）用弯玫瑰花嘴装入软硬适中的奶油。

（2）将糯米托放在裱花棒上，在糯米托内挤入奶油，奶油不超过糯米托的深度。

（3）用弯玫瑰嘴倾斜于糯米托边缘，呈 30° 角。

（4）以抖动的方法抖出花瓣，每瓣间要紧挨着，共挤出 5 片花瓣。

（5）在花中间用黄奶油挤上圆球，点上小黑点作为花蕊部分。

5. 质量标准

膏体细腻，花形美观，花瓣大小一致，色彩柔和。

6. 裱百合花的注意事项

（1）裱五叶花的奶油打发度应适中（7 成）。

（2）裱五叶花时花嘴要倾斜 30°。

（3）抖挤时的均匀度和幅度要一致。

（4）每片花瓣的大小要一致。

（5）五叶花的造型要美观，色彩柔和。

（四）奶油蛋糕裱字的制作

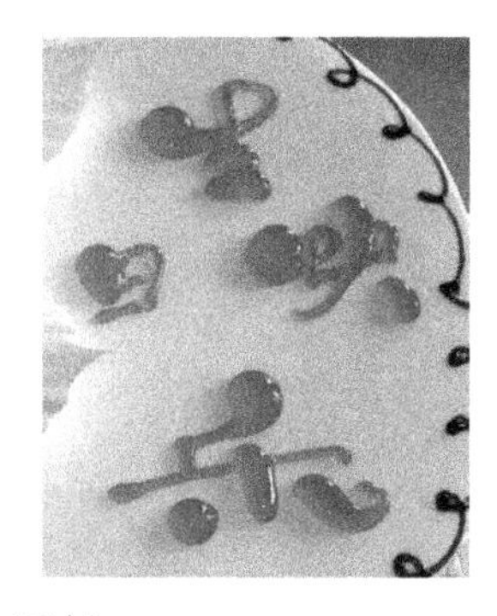

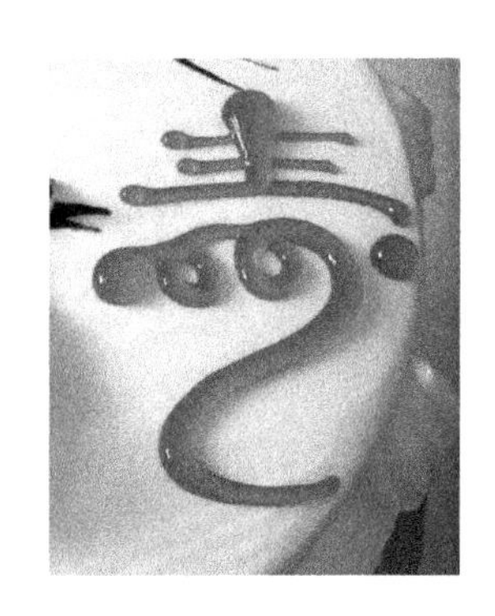

1. 原料

植脂鲜奶油、各种水果光亮膏。

2. 工具

裱花袋、剪刀、抹刀、毛巾、鲜奶搅拌机。

3. 工艺流程

奶油调色→装裱袋→裱字。

4. 制作方法

抖挤法：将裱花袋剪出粗细适合的袋口，利用裱花袋把奶油挤出。制成字体的各种笔画。将字体用奶油裱制完成后，再用各色果膏进一步装饰。

5. 质量标准

字体形态优美，比例适合。笔画粗细有序，字体统一。

6. 裱字的注意事项

裱字要一气呵成，笔画不可有断处。

项目二

蛋糕品种

一、清蛋糕的概念

清蛋糕（Spong Ecake，海绵蛋糕）又称海绵蛋糕、乳沫蛋糕，是蛋糕最常见的品种之一，是利用蛋白起泡性能，使蛋液中充入大量的空气，加入面粉烘烤而成的一类膨松点心。属于全蛋打法，因为其结构类似于多孔的海绵而得名。国外又称为泡沫蛋糕，国内称为清蛋糕。清蛋糕的用途极广，常用作各类西式奶油甜点、黄油甜点及生日蛋糕的坯料。

二、清蛋糕的产品特点

色泽金黄，质地松软，口感柔软细腻，口味香甜。

三、清蛋糕的形成原理

清蛋糕是用全蛋、糖与面粉搅打混合一起制成的膨松制品，其膨松主要是靠蛋白搅打的起泡作用形成的，蛋黄与蛋白一起搅拌有助于保存拌入的气体，加入的面粉原料附着在蛋白泡沫周围，使泡沫变得很稳定，能保持住混入的气体，使成品体积膨大而疏

松。由于此种蛋糕体积膨大，松软形似海绵，“海绵蛋糕”的别名由此而来。

四、鸡蛋

蛋的营养价值高，用途广泛，是西点制作的重要原材料，尤其在蛋糕类制品中用量很大，不可或缺。蛋对西点的制作工艺以及制品的色、香、味、形和营养价值等方面都起到一定作用。西点中运用最多的是鲜蛋，又以鸡蛋为主。鸡蛋不仅产量大、成本较低，且味道温和，性质柔软，在西点中的功用也较其他鲜蛋优越，是西点用蛋的最佳原料。

1. 常用的蛋及蛋制品

西点中常用的蛋品有鲜蛋、冰蛋和蛋粉三类。

鲜蛋包括鸡蛋、鸭蛋、鹅蛋等，其中以鸡蛋使用最多，因鲜鸭蛋和鲜鹅蛋带有异味，故使用不多。

蛋制品有冰蛋和蛋粉。冰蛋又分为冰全蛋、冰蛋黄、冰蛋白，蛋粉分为全蛋粉、蛋黄粉。

2. 蛋的烘焙工艺性能

1) 蛋白的起泡性

蛋白是一种亲水胶体，具有良好的起泡性，在西点生产中具有重要意义，特别是在西点的装饰方面。蛋白经过强烈搅打，蛋白薄膜将混入的空气包围起来形成泡沫，由于受表面张力制约，迫使泡沫成为球形，由于蛋白胶体具有黏度，和加入的原材料附着在蛋白泡沫层四周，使泡沫层变得浓厚坚实，增强了泡沫的机械稳定性。制品在烘焙时，泡沫内的气体受热膨胀，增大了产品的体积，这时蛋白质遇热变性凝固，使制品疏松多孔，并具有一定的弹性和韧性，因此蛋在糕点、面包中起到了膨胀、增大体积的作用。

蛋白可以单独搅打成泡沫，用于蛋白类西点品种制作和西点装饰料的制作，如天使蛋糕、蛋白饼干、奶白膏等；也可以全蛋的形式用于西点品种的制作，如各种海绵蛋糕、戚风蛋糕、蛋条饼干等。

2) 蛋黄的乳化性

蛋黄中磷脂含量很高，而磷脂具有亲油和亲水的双重性质，是一种理想的天然乳化剂。它能使油、水和其他材料均匀地混合到一起，促进制品组织细腻，质地均匀，疏松可口，具有良好的色泽，使制品保持一定的水分，在储存期保持柔软。

目前国内外烘焙食品工业使用蛋黄粉来生产面包、糕点和饼干。它既是天然乳化剂，又是人类的营养物质。在使用前，可将蛋黄粉和水按 1:1 的比例混合，搅拌成糊状，再添加到西团或面糊中。

3) 蛋白的凝固性

蛋白对热极为敏感，受热后凝结变性。温度在 54 ～ 57℃时，蛋白开始变性，60℃时变性加快，超过 70℃蛋黄变稠，达到 80℃蛋白就完全凝固变性，蛋黄表面凝固，100℃时蛋黄也完全凝固。蛋白内加入高浓度的砂糖能提高蛋白的变性温度。当 pH 值为 4.6 ～ 4.8 时，变性最佳最快，因为这正是蛋白内主要成分白蛋白的等电点。

蛋液在凝固前，它们的极性基和羟基、氨基、羧基等位于外侧，能与水互相吸引而溶解，当加热到一定温度时，原来联系脂键的弱键被分裂，肽键由折叠状态而呈伸展状态。整个蛋白质分子结构由原来的立体状态变成长的不规则状态，亲水基由外部转到内部，疏水基由内部转到外部。很多这样的变性蛋白质分子互相撞

击而相互贯穿缠结，形成凝固物质。

这种凝固物质经高温烘焙便失水成为带有脆性、光泽的凝胶片。故在面包、糕点表面涂上一层蛋液，可增加制品表皮的光亮度，增加其外形美。添加蛋的制品，经烘焙或油炸后，会更加酥脆。

4）改善制品的色、香、味、形

在面包、糕点的表面涂上蛋液，经烘烤后呈现金黄发亮的光泽，使制品具有特殊的蛋香味，加蛋的制品有利于其体积膨大和柔软、疏松、多孔。利用蛋白制成的膏料进行裱花，对制品可起到装饰美化的效果。

5）提高制品的营养价值

禽蛋的营养成分极其丰富，含有人体所必需的优质蛋白质、脂肪、类脂质、矿物质及维生素等营养物质，而且消化吸收率非常高，是优质的营养食品。禽蛋蛋白质含量不仅高，而且属于完全蛋白质或足价蛋白质，其蛋白质的消化率为98%，生物价为94%，氨基酸评分为100%。禽蛋中含有的磷脂对人体发育非常重要，是大脑和神经系统活动所不可缺少的重要物质。

将蛋品加入面包、蛋糕等西点中，提高了产品的营养价值。此外鸡蛋和乳品在营养上具有互补性。鸡蛋中铁相对较多，钙较少，而乳品中钙相对较多，铁较少。因此，在西点中将蛋品和乳品混合使用，其营养成分可以互相补充。

五、蛋清发泡的四个阶段

1. 起泡阶段

表面有不规则的气泡产生（俗称鱼泡眼）。此时蛋白不宜停留时间过长，否则蛋白氧化则打不起来。

2. 湿性发泡阶段

表面蛋白的颜色非常洁白，无气泡、有光泽。勾起尖部，尾尖弯曲，形如鹰嘴状。

3. 硬性发泡阶段

硬性发泡阶段又叫干性发泡。蛋白的光泽会逐渐消失，勾起蛋白时尖部是挺立的，稍微有点弯。适用于生日蛋糕。

4. 棉絮阶段

蛋白表面干燥无光泽，会脱离缸壁，黏附在打蛋器上。做出的产品掉渣易碎，口感粗糙发干，不易与蛋黄拌匀，面糊粗糙。

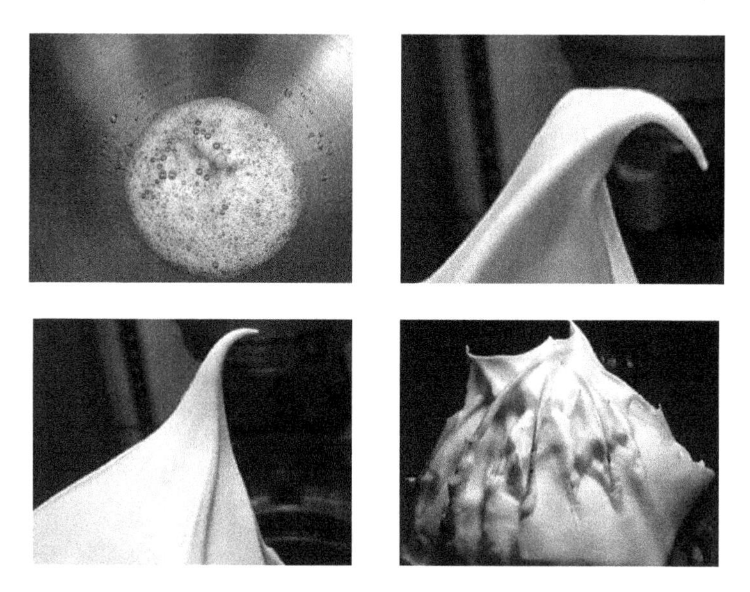

六、糖

1. 西点中常用的糖

1) 蔗糖 (Sucrose)

蔗糖由甘蔗、甜菜榨取而来，根据精制程度、形态和色泽大致可分为白砂糖、绵白糖、赤砂糖、红糖、冰糖、糖粉等。

（1）白砂糖 (White Granulated Sugar)：根据晶粒大小可分为粗砂、中砂、细砂三种。

（2）绵白糖 (White Soft Sugar)：在制糖过程中加入了 2.3% 左右的转化糖浆，故质地绵软、细腻。

（3）糖粉 (Sugar Powder)：糖粉是粗砂糖经过粉碎机磨制成粉末状，并混入少量的淀粉，以防止结块。糖粉颜色洁白、质轻、吸水快、溶解快速，适用于含水量少、搅拌时间短的产品，如小西饼类、面包馅类、各式面糊类产品。糖粉还是西点装饰的常用材料，如白帽糖膏、札干等。

糖粉根据粒度可分为 2X、4X、6X、10X 四种，10X 是最细的糖，它能使糖霜呈现最光滑的质地，而 6X 则为标准的糖粉。

（4）赤砂糖与红糖 (Brown Sugar)：赤砂糖又称赤糖，是制造白砂糖的初级产物，是未脱色、洗蜜精制的蔗糖制品，蔗糖含量为 85% ～ 92%，含有一定量的糖蜜、还原糖及其他杂质，颜色呈棕黄色、红褐色或黄褐色，晶粒连在一起，有糖蜜味。红糖属土制糖，是以甘蔗为原料，用土法生产的蔗糖。

赤砂糖与红糖因其具有特殊风味，且在烘焙中使制品易于着色，因而有一定的应用。但需化成糖水，滤去杂质后使用。

（5）冰糖 (Sugar Candy)：冰糖是一种纯度高、晶体大的蔗糖制品，由白砂糖溶化后再结晶而制成，因其形状似冰块，故称冰糖。有单晶冰糖和多晶冰糖之分。

2）糖浆（Syrups）

（1）饴糖（Malt Syrup）：饴糖又称米稀、糖稀或麦芽糖浆，是以谷物为原料，利用淀粉酶的作用水解淀粉而制得的。饴糖呈黏稠状液体，色泽淡黄而透明，含糊精、麦芽糖和少量葡萄糖。

（2）葡萄糖浆（Corn Syrup）：葡萄糖浆又称化学稀或淀粉糖浆，是淀粉经酸或酶水解制成的含葡萄糖较高的糖浆。其主要成分是葡萄糖、麦芽糖、高糖（三糖、四糖等）和糊精。淀粉糖浆的黏度与甜度与淀粉水解糖化程度有关，糖化率越高，味越甜，黏度越低。

（3）蜂糖（Honey）：蜂糖是一种天然糖浆，主要成分是葡萄糖和果糖，以及少量的蔗糖、糊精、淀粉酶、有机酸、维生素、矿物质、蜂蜡及芳香物质等，味道很甜，风味独特，营养价值较高。蜂糖因来源不同，在味道和颜色上存在较大差异。

（4）转化糖浆 (Invert Syrup)：转化糖浆是蔗糖在酸的作用下加热水解生成的含有等量葡萄糖和果糖的糖溶液。蔗糖在酸的作用下的水解称为转化。1 分子葡萄糖和 1 分子果糖的混合物称为转化糖。含有转化糖的水溶液称为转化糖浆。

2. 糖的烘焙工艺性能

1) 糖是良好的着色剂

由于糖的焦糖化作用和美拉德反应，可使烤制品在烘焙时形成金黄色或棕黄色表皮和良好的烘焙香味。面包类发酵制品的表皮颜色深浅程度取决于面团内剩余糖的多少。所谓剩余糖是指面团内酵母发酵完成后剩余下来的糖量，一般 2% 的糖就足以供给发酵所需，但通常面包配方中的糖量均超过 2%，故有剩余糖残留。剩余糖越多，面包表皮着色越快，颜色越深，烘焙香味越浓郁。配方内不加糖的面包，如法国面包、意大利面包，其表皮为淡黄色。

2) 改善制品的风味

糖使制品具有一定甜味和各种糖特有的风味。在烘焙成熟过程中，糖的焦糖化作用和美拉德反应的产物使制品产生良好的烘

焙香味。

3) 改善制品的形态和口感

糖在糕点中起到骨架作用，能改善组织状态，使外形挺拔。糖在含水较多的制品内有助于产品保持湿润柔软；在含糖量高，水分少的制品内，糖能促进产品形成硬脆口感。

4) 作为酵母的营养物质，促进发酵

糖作为酵母发酵的主要能量来源，有助于酵母的繁殖和发酵。在面包生产中加入一定量的糖，可促进面团的发酵。但也不宜过多，如点心面包的加糖量不超过 20% ～ 25%，否则会抑制酵母的生长，延长发酵时间。

5) 改善面团物理性质

面粉和糖都具有吸水性。当调制面团时，面粉中面筋蛋白质吸水胀润的第二步反应是，依靠蛋白质胶粒内部浓度造成的渗透压，使水分子渗透到蛋白质分子中去，增加吸水量，使面筋大量形成，面团弹性增强，黏度相应降低。如果在面团中加入一定量的糖或糖浆，它不仅吸收蛋白质胶粒之间的游离水，同时会使胶粒外部浓度增加，使胶粒内部水分向外渗透，从而降低蛋白质胶粒的胀润度，造成搅拌过程中面筋形成程度降低，弹性减弱。因此，糖在面团搅拌过程中起反水化作用，调节面筋的胀润度，增加面团的可塑性，使制品外形美观、花纹清晰，还能防止制品收缩变形。

糖对面粉的反水化作用是由于双糖比单糖作用大，因此加砂糖糖浆比加入等量的葡萄糖浆作用强烈。砂糖糖浆比糖粉的作用大，因为糖粉虽然在搅拌时易于溶化，但此过程仍较缓慢和不完全。而砂糖更比糖粉差，因此调制混酥面团使用糖粉比砂糖有更好的效果。

6) 对面团吸水率及搅拌时间的影响

正常用量的糖对面团吸水率影响不大。但随着糖量的增加，糖的反水化作用也愈强烈，面团的吸水率降低，搅拌时间延长。大约每增加1%的糖，面团吸水率降低0.6%。高糖配方（20%～25%糖量）的面团若不减少加水量或延长面团搅拌时间，则面团搅拌不足，面筋得不到充分扩展，易造成面包产品体积小，内部组织粗糙。原因是糖在面团内溶解需要水，面筋形成、扩展也需要水，这就形成糖与面筋之间争夺水分的现象，糖量愈多，面筋能吸收到的水分愈少，因而延迟了面筋的形成，阻碍了面筋的扩展，故必须增加搅拌时间来使面筋得到充分扩展。

一般高糖配方的面团充分扩展的时间比普通面团延长50%左右。

7) 提高产品的货架寿命

糖的高渗透压作用能抑制微生物的生长和繁殖，从而增进产品的防腐能力，延长产品的货架寿命。

由于糖具有吸湿性和保潮性，可使面包、蛋糕等西点产品在一定时期内保持柔软。因此，含有大量葡萄糖和果糖的糖浆不能用于酥类制品，否则吸湿返潮后失去酥性口感。

由于糖的上色作用，含糖量高的面包等产品在烘烤时着色快，缩短了烘烤时间，产品内可以保存更多的水分，从而达到柔软的效果。而加糖量较少的面包等产品，为达到同样的颜色程度，就要增加烘烤时间，这样产品内水分蒸发得多，易造成制品干燥。

8) 提高食品的营养价值

糖的营养价值主要体现在它的发热量。100克糖能在人体中产生400千卡的热量。糖极易为人体吸收，可有效地清除人体的

疲劳，补充人体的代谢需要。

9) 装饰美化产品

砂糖粒晶莹闪亮的质感、糖粉洁白如霜的颜色，在制品表面起到美化的效果。利用以糖为原料制成的膏料、半成品，如白马糖、白帽糖膏、札干等装饰产品，美化产品，在西点中的运用更为广泛。

3. 糖在蛋糕制作中的作用

（1）增加制品甜味，减少蛋的腥味，使成品味道更好。

（2）在烘烤过程中，蛋糕表面会变成褐色并散发出香味，使成品颜色更漂亮。

（3）填充作用。在搅打过程中，帮助全蛋或蛋白形成浓稠而持久的泡沫，也能帮助黄油打成膨松状的组织，使面糊光滑细腻，产品柔软，这是糖的主要作用。

因为糖能帮助蛋白形成稳定和持久的泡沫，故搅打蛋白时必须放白糖。要达到蛋白发泡性好、稳定持久，有两个关键问题：①白糖的用量；②白糖的加入时机。白糖可增加蛋白的黏度，而黏度太大又会抑制蛋白的发泡性，使蛋白不易充分发泡（白糖的用量越多，蛋白的泡发性越差），只有加入适量白糖（约占 40%）才能使蛋白泡沫稳定持久。所以白糖的用量以不影响蛋白的发泡性，又能使蛋白达到稳定的效果为佳。另外，白糖加入的时机以蛋白搅打呈粗白泡沫时为最好，同时要分次加入，这样既可把白糖对蛋白起泡性的不利影响降低，又可使蛋白泡沫更加稳定。若白糖加得过早，则蛋白不易发泡；若加得过迟，则蛋白泡沫的稳定性差。

（4）保持成品中的水分，延缓老化。

七、面粉

面粉即小麦粉，由小麦籽粒磨粉而得到，是西点制作的主要原料之一。大多数烘焙类西点产品，如面包、蛋糕、曲奇等，都是以面粉为其形态、结构的主要原料。因此，面粉的性质对西点的加工工艺和品质有着决定性的影响，而面粉的工艺性质往往是由小麦的种类、性质和制粉工艺决定的。了解和掌握小麦的结构、种类、性质，以及面粉的化学组成、工艺性能，将有助于帮助我们更好地学习、掌握西点制作技艺，并且能够帮助我们解决加工及开发研制过程中遇到的各种问题。

1. 面粉的种类

各国面粉的种类和等级标准一般都是根据本国人民的生活水平和食品工业发展的需要来制定的。我国现行的面粉等级标准主要是按加工精度来分。1986 年颁布的小麦粉国家标准中将面粉分为四等:特制一等粉、特制二等粉、标准粉、普通粉。分类的标准、各项指标不是针对某种专门的、特殊的食品来制定的，按此标准生产的面粉实际上是一种通用粉，而不是专用粉，很难适应制作面包、馒头、面条、糕点、饼干对面粉蛋白质、面筋质数量和质量的要求。随着人们生活水平的提高和食品工业的发展，通用粉已逐步发展至专用粉生产。专用粉的品种可以按不同的用途对蛋白质和面筋质的要求分为面包专用粉、面条专用粉、馒头专用粉、糕点饼干专用粉、油炸食品专用粉及家庭用粉、自发粉等。

1) 面包专用粉

面包专用粉又称高筋面粉、高筋粉、高粉，英文名为 Bread Flour 或 High Gluten Flour。高筋面粉的蛋白质含量在 11.5% 以上，吸水率为 62% ～ 64%,蛋白质含量高,面筋质也较多,因此筋性强,

多用来做面包等。

2) 通用面粉

通用面粉又称中筋面粉、中筋粉、中粉，英文名为 Plain Flour 或 All Purpose Flour。中筋粉的蛋白质含量为 9% ～ 11%，介于高粉与低粉之间，吸水率为 55% ～ 60%。因此，也有很多食谱以一半的高粉混合一半的低粉来充当中粉使用。中筋粉在中式点心制作上的应用很广，如包子、馒头等。大部分中点都是以中粉来制作的。

3) 糕点专用粉

糕点专用粉又称低筋面粉、低筋粉、低粉，英文名为 Cake Flour 或 Cake and Pastry Flour， 亦称Low Gluten Flour 或 Low Protein Flour。低筋面粉的蛋白质含量低于 9%,平均在 8.5% 左右，吸水率为 48% ～ 52%，蛋白质含量低，面筋质也较少，因此筋性亦弱，多用来做蛋糕、饼干、蛋塔、派等松软、酥脆的糕点。

4) 自发面粉

自发面粉又称自发粉，英文名 Self-Rising Flour，自发粉大都为中筋面粉和小苏打及酸性盐、食盐的混合物。因为自发粉中已有膨大剂，最好不要用它来取代一般食谱中的其他面粉，否则成品膨胀得太厉害。

5) 强化面粉

强化面粉的英文名为 Nutrient Adding Flour。强化面粉指在一般面粉中添加营养成分，如硫胺素、核黄素、烟碱酸、铁、钙等维生素和矿物质。

6) 全麦面粉

全麦面粉又称全麦粉，英文名 Whole Wheat Flour。全麦面粉

是全麦面包的专用粉。全麦含丰富的维他命 B1、B2、B6 及烟碱酸，它的营养价值很高。因为麸皮的含量多，100% 全麦面粉做出来的面包体积会较小、组织也会较粗，它的面粉筋性也不够，而且太多的全麦粉会加重消化系统的负担。因此，在使用全麦粉时，可以加入部分高筋面粉调整比例来改善它的口感。

7) 预拌粉

预拌粉的英文名为 Pre-blended Flour。将烘焙产品配方中所需的材料，除了液体材料外，依配方的用量混合在面粉中，就是预拌面粉。使用预拌面粉时，只要加液体材料，如水、蛋等。预拌粉的优点是可使烘焙食品质量稳定；原料损耗少；价格相对稳定；有利于车间卫生条件的改善；有利于提高经济效益；有利于小型面包糕点厂和超市内面包店的发展；有利于消费者吃到新鲜的烘焙食品。可见预拌粉将是烘焙食品工业使用的主要原料，我国也会很快推广使用。目前，我国已有少量预拌粉进口。

2. 面粉对蛋糕的作用与影响

1) 面粉构成蛋糕的骨架

面粉是制作蛋糕不可或缺的基本原料，对蛋糕组织结构的形成有着绝对性的影响。面粉在蛋糕内有三大作用，一是促成面糊形成，二是促进蛋糕膨大稳定，三是保持蛋糕体积定型。

2) 蛋糕对面粉品质的要求

蛋糕适用的面粉应以筋力弱的软麦制成的蛋糕专用粉或低筋面粉为适宜。其面粉的蛋白质含量在 7% ～ 9%，而酸度为 5.2。蛋糕应用低筋面粉主要是因为低筋面粉筋力较弱，有助于蛋糕膨松。但是蛋糕制作也非绝对只用低筋面粉，而是在大多数情况下使用的是低筋面粉，在少数情况下也会用到中筋面粉或高筋面粉。

例如，重油脂的蛋糕往往会应用适量的高筋面粉或中筋面粉参与制作，这是因为油脂能削弱面粉的筋力，如果仅用低筋面粉来制作这类蛋糕，当油脂含量超过了面筋的支撑能力，就容易使烤好的蛋糕下陷而影响品质。添加适量的高筋面粉或中筋面粉以弥补配方中低筋面粉所不足的韧性，可使蛋糕组织结构更加均匀稳定。

为了满足制作高品质蛋糕的需求，用于蛋糕制作的面粉往往经过改良处理，这种改良主要包括氯化处理、添加表面活性剂和漂白处理。

（1）氯化处理。对蛋糕用粉进行氯化处理可以进一步降低面粉的筋力，同时降低面粉的 pH 值。经过氯化处理的面粉蛋白质的分散性增加，从而削弱了面筋形成的强度，使搅拌操作更易控制；氯化处理后的面粉制作的蛋糕面糊的黏度增加，持气性也增加，蛋糕体积增大且内部组织结构更好。

（2）添加表面活性剂。在面粉中添加乳化剂的主要目的是通过增加面糊中不同组织之间的交联键而使最终产品的内部组织得到改善，制品体积增大，同时延缓淀粉的老化，延长制品的货架期。

（3）漂白处理。为改善面粉的色泽，有时需对面粉进行漂白处理。

八、油脂

1. 西点中常用的油脂

1) 天然油脂

（1）植物油：植物油中主要含有不饱和脂肪酸，其营养价值高于动物油脂，但加工性能不如动物性油脂或固态油脂。食用植物油根据精制程度和商品规格可分为普通（精制）植物油（Refined Oil）、高级烹调油（High Grade Cooking Oil）和色拉油（Salad

Oil）三个档次品级。

普通食用植物油是以各种食用植物油料籽为原料，经压榨、溶剂浸出精炼和水化法制成的。对于棉籽油、米糠油等还需进行精炼，以除去其中的有害物质，制成精炼油后才能食用。高级烹调油是各类食用植物毛油，经精炼制成的气味、滋味良好、色浅、高烟点的油脂产品，适用于烹调和其他需要较高质量油脂的场合（如作为人造奶油、起酥油的原料油）。

色拉油又称清洁油、凉拌油、生食油，是以菜籽、大豆、花生、棉籽、玉米胚芽等毛油，经脱胶、脱酸、脱色、脱臭等工序加工精制而成的高级食用植物油。色拉油色浅、气味和滋味纯厚，储藏时稳定性高，能耐低温，不含胆甾醇，在高温下不起沫、无油烟。

西点中使用的植物油以经精制后的色拉油为主。在西点制作时，应避免使用具有特殊气味的油脂，而破坏西点成品应有的风味。色拉油因为油性小、熔点低，具良好的融合性，掺在蛋糕里有使蛋糕体柔软的作用。植物油在西点中还常作为油炸制品用油和制馅用。常见植物油有：①大豆油；②花生油；③葵花籽油；④芝麻油；⑤菜籽油；⑥可可脂；⑦椰子油；⑧棕榈油；⑨橄榄油。

（2）动物油：西点中常用的天然动物油有奶油和猪油。大多数动物油都有熔点高、可塑性强、起酥性好的特点。

①奶油（Butter Fat）。又称黄油或白脱油，港澳地区亦称牛油，分为盐奶油（Salted Butter）和无盐奶油（Unsalted Butter）。奶油是从牛奶中分离出的乳脂肪，奶油的乳脂含量约为80%，水分含量16%。奶油因有特殊的芳香和营养价值而备受人们欢迎。丁酸是奶油特殊芳香的主要来源。奶油中含有较多的饱和脂肪酸甘油脂和磷脂，它们是天然乳化剂，使奶油具有良好的可塑性与稳定

性。加工过程中又充入 1% ～ 5% 的空气，使奶油具有一定硬度和可塑性。奶油是制作面包、蛋糕、塔、派、小西饼等西点的常用原料，并用于西点装饰。奶油的熔点为 28 ～ 34℃，凝固点为 15 ～ 25℃，在常温下呈固态，在高温下软化变形，故夏季不宜用奶油做装饰。奶油在高温下易受细菌和霉菌污染，应在冷藏库或冰箱中储存。

②猪油（Lard）。猪油在中式糕点中使用广泛，在西点中应用不多。精制猪油色泽洁白，可塑性强、起酥性好，制出的产品品质细腻，口味肥美。但猪油融合性稍差，稳定性也欠佳，因此常用氢化处理或交酯反应来提高猪油的品质。

③ 牛、羊油及骨油 (Beef Tallow & Mutton Tallow & Bone Tallow）。牛、羊油都有特殊的气味，需经熔炼、脱臭后才能使用。这两种油脂熔点高，前者约为 40 ～ 46℃，后者约为 43 ～ 55℃，可塑性强，起酥性较好。在欧洲国家中大量用于酥类糕点中，便于成形和操作。但由于其熔点高于人的体温，故不易消化。

骨油是从牛的骨髓中提取出来的一种脂肪，呈白色或浅黄色，骨油精炼后，可作为奶油的代用品，用于炒面，具有独特的醇厚酯香味。

2) 再加工油脂

（1）氢化油（Hydrogenated Shortening）：又称硬化油。油脂氢化就是将氢原子加到动、植物油脂不饱和脂肪酸的双键上，生成饱和度较高的固态油脂，使液态油脂变为固态油脂，提高油脂可塑性、起酥性，提高油脂的熔点，有利于加工操作。

氢化油多采用植物油和部分动物油为原料，如棉籽油、葵花籽油、大豆油、花生油、椰子油、猪油、牛油和羊油等。氢化油很少直接食用，多作为人造奶油、起酥油的原料。

氢化油含水量一般不超过1.5%，熔点38～46℃，凝固点不低于21℃，熔化状态的氢化油透明、无沉淀。氢化油的可塑性和硬度决定于固相与液相的比例、固相的物理性质、晶体的大小。一般固相越多，硬度越大；晶体越小，硬度越大。

（2）人造奶油（人造黄油）（Margarine）：又称麦淇淋和玛琪琳，是以氢化油为主要原料，添加水和适量的牛乳或乳制品、色素、香料、乳化剂、防腐剂、抗氧化剂、食盐和维生素，经混合、乳化等工序而制成的。人造奶油的软硬可根据各成分的配比来调整。人造奶油的乳化性能和加工性能比奶油要好，是奶油的良好代用品。人造奶油中油脂含量约为80%，水分为14%～17%，食盐为0%～3%，乳化剂为0.2%～0.5%。

人造奶油的种类很多，分为家庭消费型人造奶油和行业用人造奶油。用于西点的有：通用人造奶油、起酥用人造奶油、面包用人造奶油、裱花用人造奶油等。

①通用人造奶油又称通用麦淇淋，其适应范围很广，适用于各式蛋糕、面包、小西饼、裱花装饰等。在任何气温下都有良好的可塑性和融合性，一般熔点较低，口溶性好，可塑性范围宽。

②起酥用人造奶油又称酥皮麦淇淋、酥片麦淇淋，主要用于起酥类制品，如起层的酥皮、千层酥、丹麦酥、酥皮面包、丹麦起酥面包等。酥皮麦淇淋起酥性好，熔点较高，塑性范围宽，使起酥包油操作更为容易，便于裹入面团后延展折叠，酥层胀发大，层次分明，产品质量好。

③面包用人造奶油有良好的可塑性、融合性、润滑作用、乳化性。加入面团中可以缩短面团发酵时间和醒发时间，降低面团

黏性，以利于操作，改善面包的品质，使组织更加均匀、松软，体积增大，延长面包保鲜期，并使面包具有奶油风味。面包用人造奶油可加入面包面团中，也可进行面包的装饰和涂抹。

④裱花用人造奶油又称裱花麦淇淋。具有良好的可塑性、融合性和乳化性，与糖浆、糖粉、空气混合形成的奶油膏膏体幼滑、细腻、稳定、保形效果好，易于操作。

（3）起酥油（Shortening Oil）：是指精炼的动植物油脂、氢化油或这些油脂的混合物经混合、冷却塑化而加工出来的具有可塑性、乳化性等加工性能的固态或流动性的油脂产品。起酥油不能直接食用，而是作为产品加工的原料油脂，因而具有良好的加工性能。起酥油与人造奶油的主要区别是起酥油中没有水相。

起酥油外观呈白色或淡黄色，质地均匀，具有良好的滋味、气味。起酥油的加工特性主要是指可塑性、起酥性、乳化性、吸水性和稳定性，起酥性是其最基本的特性。

起酥油的种类很多，其分类方法也很多。按原料种类可分为植物型、动物型、动植物混合型起酥油；按制造方式可分为混合型和全氢化型起酥油；按是否添加乳化剂可分为非乳化型（油炸、涂抹用油）和乳化型起酥油；按性状可分为固态、液态和粉末状起酥油等。一般按用途分为通用起酥油和专用起酥油。专用起酥油种类很多，有面包用、丹麦面包裹入用、千层酥饼用、蛋糕用、奶油装饰用、酥性饼干用、饼干夹层用、涂抹用、油炸用、冷点心用等。

①通用型起酥油的适用范围很广，但主要用于加工面包、饼干等。油脂的塑性范围可根据季节来调整其熔点，冬季为 30℃，夏季为 42℃左右。

②乳化型起酥油中乳化剂的含量较高，具有良好的乳化性、起酥性和加工性能。适用于重油、重糖类糕点及面包、饼干的制作，可增大面包、糕点体积，使其不易老化，松软，口感好。

③高稳定性起酥油可以长期保存，不易氧化变质，起酥性好，"走油"现象减轻。适用于加工饼干及油炸食品。全氢化植物起酥油多属于该类型。

④面包用液体起酥油以食用植物油为主要成分，添加了适量的乳化剂和高熔点的氢化油，使之成为具有加工性能、乳白色，并有流动性的油脂。乳化剂在起酥油中作为面包的面团改良剂和组织柔软剂，可使面团有良好的延伸性，吸水量增加；使面包柔软，老化延迟；使面包内部组织均匀、细腻、体积增大。面包用液体起酥油适用于面包、糕点、饼干等的自动化、连续化生产。

⑤蛋糕用液体起酥油中含有 10% ～ 20% 的乳化剂（单甘酯、卵磷脂、山梨糖醇酐酯），一般为乳白色乳状液体，用于蛋糕加工时，便于处理和计量。蛋糕用液体起酥油的特点有：

a. 有助于蛋糕浆发泡，使蛋糕柔软，有弹性，口感好，体积大。

b. 因其良好的乳化型，特别适用于高糖、高油的奶油蛋糕。

c. 蛋糕组织均匀，气孔细密。

d. 可缩短打蛋时间。

e. 消泡作用小。

f. 面糊稳定性好。

2. 油脂的烘焙工艺性能

1) 改善面团的物理性质

调制面团时加入油脂，经调制后，油脂分布在蛋白质、淀粉颗粒周围形成油膜，由于油脂中含有大量的疏水基，阻止了水分

向蛋白质胶粒内部渗透，从而限制了面粉中的面筋蛋白质吸水和面筋形成，使已形成的面筋微粒相互隔离。油脂含量越高，这种限制作用就越明显。从而使已形成的微粒面筋不易粘结成大块面筋，降低面团的弹性、黏度、韧性，增强了面团的可塑性。

2) 油脂的可塑性（Plasticity of Fat）

固态油脂在适当的温度范围内有可塑性。所谓可塑性就是柔软性，指油脂在很小的外力作用下就可以变形，并保持变形但不流动的性质。可塑性产生的机理可以这样理解：由于油脂不是单一的物质，而是由不同脂肪酸构成的多种甘油脂的混合物。因而在固态油脂中可能存在两相油脂，即在液态的油中包含了许多固态脂的微结晶。这些固态结晶彼此没有直接联系，互相之间可以滑动，其结果就是油脂有了可塑性。因此，使油脂具有可塑性的温度范围是必须使混合物中有液态油和固态脂肪存在。当温度升高，部分固体脂肪熔化，油脂的液相增加，油脂变软，可塑性变大；如果温度降低，部分油脂固化，未固化的油脂黏度增加，油脂的固相增加，则变硬，可塑性变小。如果固体结晶超过一定界限，则油脂变硬、变脆，失去可塑性;相反，液相如超过一定界限，油脂流散性增大，开始流动。因此，固体和液体的比例必须适当才能得到所需的食品加工的可塑性。这就是为什么某些人造奶油要比天然的固态油具有更好的加工性能的缘故。

可塑性是奶油、人造奶油、起酥油、猪油的最基本特性。固态油在面包、派皮、蛋糕、饼干面团中能呈片状、条状和薄膜状分布，就是油脂可塑性决定的。在相同条件下，液体油可能分布成点、球状，因而固态油要比液态油润滑更大的面团表面积。一般可塑性不好的油脂，起酥性和融合性也不好。

油脂的可塑性在烘焙食品中的作用如下：

（1）可增加面团的延伸性，使面包体积增大。可塑性好的油脂能与面团一起延伸，使面团具有良好的延伸性，可增大面包体积，改善制品质地和口感。太硬的固态油脂加在面团中容易破坏面团组织，太软的油脂又因为接近液态，不能随面团伸展，影响面团的延展性。

（2）可防止面团的过软和过黏，增加面团的弹力，使机械化操作容易。

（3）油脂与面筋的结合可以柔软面筋，使制品组织均匀、柔软，口感改善。

（4）润滑作用。油脂可在面筋与淀粉之间的界面上形成润滑膜，使面筋网络在发酵过程中的摩擦阻力减小，有利于膨胀，增大面包的体积。可防止水分从淀粉向面筋转移，防止淀粉老化，延长面包的保存期。

3) 油脂的起酥性

起酥性是指油脂用在饼干、酥饼等烘焙制品中，使成品酥脆的性质。起酥性是通过在面团中限制面筋形成，使制品组织比较松散来达到起酥作用的。

在调制面团时，加入大量油脂后，由于油脂的疏水性限制了面筋蛋白质的吸水作用。面团中含油越多，其吸水率越低，一般每增加 1% 的油脂，面粉吸水率相应降低 1%。油脂能覆盖于面粉的周围并形成油膜，除降低面粉吸水率，限制面筋生成外，还由于油脂的隔离作用，使已形成的面筋不能相互粘合而形成大的面筋网络，也使淀粉和面筋之间不能结合，从而降低了面团的弹性和延伸性，增加面团的塑性。对面粉颗粒表面积覆盖越大的油

脂，具有越佳的起酥性。

猪油、起酥油、人造奶油都有良好的起酥性，植物油的起酥效果不好。稠度适度的油脂，在面团中会残留一些块状部分，起不到松散组织的作用；如果过软或为液态，那么会在面团中形成油滴，起酥性较好。

影响面团中油脂起酥性的因素如下。

（1）固态油脂比液态油脂的起酥性好。固态油脂中饱和脂肪酸含量高，稳定性好。固态油脂的表面张力较小，油脂在面团中呈片、条状分布，覆盖面粉颗粒表面积大，起酥性好。相对而言，液态油脂表面张力大，油脂在面团中呈点、球状分布，覆盖面粉颗粒表面积小，并且分布不均匀，故起酥性差。

（2）油脂的用量越多，起酥性越好。

（3）温度影响油脂的起酥性。

（4）鸡蛋、乳化剂、奶粉等原料对起酥性有辅助作用。

（5）油脂和面团搅拌混合的方法及程度要适当，乳化要均匀，投料顺序要正确。

4) 油脂的融合性（充气性）

融合性是指油脂经搅拌处理后，包含空气气泡的能力，或称为拌入空气的能力。油脂的融合性与其成分有关，油脂的饱和程度越高，搅拌时吸入的空气越多。起酥油的融合性比奶油和人造奶油好，猪油的融合性较差。融合性是油脂在制作含油量较高的糕点时非常重要的性质。制作重油蛋糕时，虽然化学膨松剂也能使蛋糕膨大，但油脂融合性的好坏是影响蛋糕组织特性的关键。研究表明，面糊内拌入的空气都在面糊的油脂成分内，而不存在于面糊的液相内，这样使做出的蛋糕体积越大，同时油脂搅拌所形成油脂颗粒表面积越大，做出的蛋糕组织越细腻、均匀，品质也越好。靠化学膨松剂胀发的蛋糕，组织空洞不规则、颗粒粗糙。调制酥类制品面团时，首先要搅打油、糖和水，使之充分乳化。在搅拌过程中，油脂结合一定量的空气。油脂结合空气的量除了与油脂成分有关，还与搅打程度和糖的颗粒状态有关。糖的颗粒越细，搅拌越充分，油脂结合的空气就越多。

5) 油脂的乳化性

油和水是互不相溶的。但在烘焙产品制作中经常会碰到油和水混合的问题。如果在油脂中添加一定量的乳化剂，则有利于油滴均匀稳定地分散在水相中，或水相均匀分散在油相中，使成品组织酥松、体积大、风味好。因此添加了乳化剂的起酥油、人造奶油最适宜制作重油、重糖的蛋糕、酥类制品。

6) 油脂的吸水性

起酥油、人造奶油都具有可塑性，所以在没有乳化剂的情况下也具有一定的吸水能力和持水能力。经氢化处理的油脂还可以增加水的乳化性。在 25℃时，猪油的吸水率为 25% ～ 50%，氢化猪油为 75% ～ 100%，全氢化型起酥油为 150% ～ 200%。油脂的吸水性尤其对冰淇淋和重油类西点的制作具有重要意义。

7) 油脂的熔点

固态油脂变为液体油脂的温度称为油脂的熔点。熔点是衡量油脂起酥性、可塑性和稠度等加工特性的重要指标。油脂的熔点既影响其加工性能，又影响到人体内的消化吸收。例如，牛、羊油的成分中含有较多的高熔点饱和三酸甘油酯。这类脂肪食用不但口溶性差，风味不好，而且熔点高于 40℃，不易为人体消化吸收。用于西点制作的固态油脂，其熔点最好为 30 ～ 40℃。

8) 油脂的润滑作用

油脂在面包中充当面筋和淀粉之间的润滑剂。油脂能在面筋和淀粉的分界面上形成润滑膜，使面筋网络在发酵过程中的摩擦阻力减小，有利于膨胀，增加了面团的延伸性，增大了面包体积。固态油脂的润滑作用优于液态油。

9) 油脂的稳定性

油脂的稳定性能决定含油焙烤食品的储藏性。油脂的不稳定性主要表现为油脂的酸败和高温煎炸时发生的变化。油脂的酸败是焙烤食品常见的变质原因。油脂酸败后，油脂的理化指标都发生变化，不仅使食品失去固有的风味，还会给食品带来哈味或酸、苦、涩、辣等异味，并降低了能量，有时产生毒性。所以对含油较高的食品，必须采用稳定性较高的油脂，并且采用适当措施以抑制油脂的酸败。

油脂酸败的抑制，除控制油脂的水分和游离脂肪酸含量外，添加抗氧化剂亦是一种有效途径。

3. 不同制品对油脂的选择

1) 面包类制品

面包用油脂可选择猪油、乳化起酥油、面包用人造奶油、面包用液体起酥油。这些油脂在面包中能够均匀分散，润滑面筋网络，增大面包体积，增强面团持气性，不影响酵母发酵力，有利于面包保鲜，还能改善面包内部组织，表皮色泽、口感柔软、易于切片等。

2) 混酥类制品

混酥制品用油脂应选择起酥性好、充气性强、稳定性高的油脂，如猪油、氢化起酥油。

3) 起酥类制品

起酥制品应选择起酥性好、熔点高、可塑性强，涂抹性好的固体油脂，如高熔点的酥片黄油。

4) 油脂蛋糕类制品

油脂蛋糕类制品含有较高的糖、蛋、乳、水分，应选择融合性好且含有高比例乳化剂的人造奶油和起酥油。

5) 油炸类制品

油炸食品应选择发烟点高，热稳定性高的油脂。大豆油、菜籽油、棕榈油、氢化起酥油等适用于炸制食品。但含有乳化剂的起酥油、人造奶油和添加卵磷脂的烹调油不宜作炸油。

九、泡打粉

泡打粉又称速发粉、泡大粉或蛋糕发粉，简称BP，是西点膨大剂的一种，经常用于蛋糕及西饼的制作，应注意保质期和是否受潮。

泡打粉是由苏打粉、明矾、碳酸钙等配合其他酸性材料，并以玉米粉为填充剂的白色粉末。遇热即可产生大量的二氧化碳，这些气体会使产品达到膨胀及松软的效果。使用量为2%～3%，泡打粉在保存时也应尽量避免受潮而提早失效(医学证明，明矾中含有铝，常用泡打粉容易造成阿尔茨海默症、骨质疏松、心血管疾病等，是对人体有害的)。

十、塔塔粉

塔塔粉化学名称为酒石酸钾，白色粉末，它是制作蛋糕必不可少的原材料之一。

塔塔粉的作用是：①中和蛋白的碱性；②帮助蛋白起发，使

泡沫稳定、持久；③增加制品的韧性，使产品更为柔软。

戚风蛋糕是利用蛋清来起发的，蛋清偏碱性，pH 值达到 7.6，而蛋清在偏酸的环境下（pH 值 4.6 ～ 4.8）才能形成膨松稳定的泡沫，起发后才能添加大量的其他配料。戚风蛋糕正是将蛋清和蛋黄分开搅拌，蛋清搅拌起发后需要拌入蛋黄面糊，没有添加塔塔粉的蛋清虽然能打发，但是要加入蛋黄面糊会下陷，不能成形。所以，可以利用塔塔粉的这一特性来达到最佳效果。其添加量是全蛋的 0.6% ～ 1.5%，使用方法是与蛋清部分的砂糖一起拌匀加入。

十一、蛋糕油

蛋糕油又称蛋糕乳化剂或蛋糕起泡剂（SP），20 世纪 80 年代开始生产，在海绵蛋糕的制作中起着重要的作用，大大缩短了制作时间，且成品外观和组织更加漂亮和均匀细腻，入口更润滑。

1. 蛋糕油的工艺性能

在搅打蛋糕面糊时加入蛋糕油，蛋糕油可吸附在空气 - 液体界面上，能使界面张力下降，液体和气体的接触面积增大，液面的机械强度增加，有利于面糊发泡和气泡的稳定，使面糊的密度降低，烘烤出的成品体积增大，同时还能够使面糊中的气泡分布均匀，大气泡减少，使成品的组织结构变得更加细腻、均匀。

2. 蛋糕油的添加量和添加方法

蛋糕油的添加量一般是鸡蛋的 3% ～ 5%。蛋糕油一定要在面糊的快速搅拌之前加入，这样才能充分搅拌溶解，达到最佳效果。

3. 添加蛋糕油的注意事项

（1）蛋糕油一定要保证在面糊搅拌完成之前充分溶解，否则会出现沉淀结块。

（2）面糊中加入蛋糕油后搅拌时间应适当。过度的搅拌会使空气拌入太多，反而不能够稳定气泡，导致破裂，造成体积下陷，组织变成棉花状。

任务一　海绵蛋糕类

（一）海绵蛋糕坯

1. 原料

（1）全蛋：4 个。

（2）细砂糖：90 克。

（3）盐：2 克。

（4）低筋面粉：100 克。

（5）奶香粉：3 克。

（6）蛋糕油：20 克。

（7）水或牛奶：30 克。

（8）色拉油：20 克。

2. 工艺流程

备料→全蛋、细砂糖、盐→低筋面粉、奶香粉→蛋糕油→水→色拉油→装模→烘烤。

3. 制作方法

（1）原料准备：把所需原料按需要称好。面粉要过筛。

（2）全蛋、细砂糖、盐一起加入搅拌缸，用球状搅拌器慢速混合，快速搅打 2 ～ 3 分钟，拌至砂糖溶化，蛋液颜色变浅。

（3）加入过筛的面粉、奶香粉，慢速搅拌约 1 分钟，再快速搅拌 3 ～ 4 分钟后，至蛋糕完全起发。然后慢速搅拌 1 分钟消泡。

（4）中速搅拌中，将水以细流加入，慢速搅拌约 2 分钟，拌

至看不见液体材料。

（5）慢速搅拌中，将色拉油以细流加入，拌至看不见油线时，慢速搅拌 2 分钟消泡后停机。

（6）将蛋糊装入模具中，七分满，入炉烘烤，上火 200℃、下火 180℃，烘烤 25 ～ 30 分钟。

（7）将烤好的蛋糕取出，放在晾网上，待蛋糕冷却后脱离模具即可。

4. 质量标准

质地松软，有良好的弹性，孔洞均匀细密，色泽金黄，口感柔软细腻，口味香甜。

5. 注意事项

（1）要选用新鲜的鸡蛋。因为新鲜鸡蛋的胶体浓度高，能更好地与空气相结合，保持气体的性能较稳定，从而提高清蛋糕的膨松性。

（2）宜选用低筋面粉。或用等量的玉米淀粉代替部分面粉。

（3）合理控制搅拌的温度。全蛋液在 25℃左右，蛋清在 22℃左右时的起泡性最佳。

若温度过高，蛋液会变得稀薄、黏性差，无法保存气体；若温度过低，黏性过大，搅拌时不易带入空气。

（4）搅拌鸡蛋的时间不宜过长，否则会破坏蛋糊中的气泡，影响蛋糕的质量。

（5）加入面粉后不要搅打“上劲”，影响制品松软度，糕体不易起发。

（6）正确掌握蛋糊的打发度。蛋糊应打至 7 ～ 8 分发。用搅拌桨搅起蛋糊后下落的蛋糊长度为 12 ～ 15 厘米，用手指搅起蛋

糊后下落的蛋糊长度为 3 ～ 4 厘米、竖起后成鹰嘴状。

（7）在加入水和油时一定要在快速搅拌中以细流加入。

（8）装模具时应为 7 ～ 8 分满，应马上烘烤，要避免剧烈的振动。否则面糊下陷，影响胀发成熟。

（9）制品要放入预热的烤箱中，根据品种的要求确定烘烤的温度、时间。

（10）出炉后，应立即脱模。防止蛋糕过度收缩。

（二）椰子汉堡

1. 原料

（1）鸡蛋：10 个。

（2）细砂糖：450 克。

（3）盐：6 克。

（4）低筋面粉：500 克。

（5）蛋糕油：40 克。

2. 工艺流程

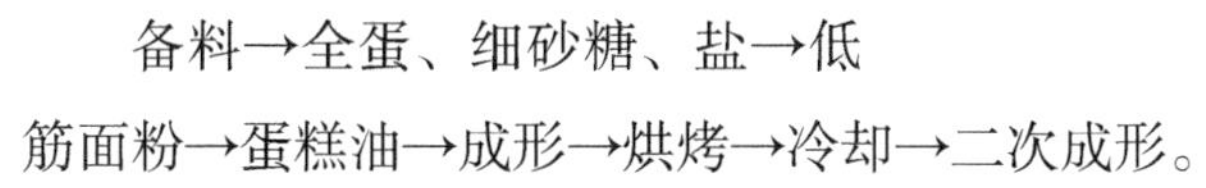

备料→全蛋、细砂糖、盐→低筋面粉→蛋糕油→成形→烘烤→冷却→二次成形。

3. 制作过程

（1）原料准备：把所需原料按需要称好，面粉要过筛。

（2）全蛋、细砂糖、盐放入搅拌机，用球状搅拌桨慢速混合，快速搅打 2 ～ 3 分钟，拌至砂糖溶化，蛋液颜色变浅。

（3）加入过筛的面粉、奶香粉，慢速搅匀后，快速搅拌约 3 ～ 5 分钟，拌至无面粉颗粒，蛋液黏稠。

（4）加入蛋糕油，中速搅拌约 1 分钟，再快速搅拌至 7 ～ 8 分发，

然后慢速搅拌1分钟消泡。

（5）用裱花袋装入蛋糕浆在烤盘上挤出大小一致的小圆饼，直径大概3.5厘米，间隔距离3厘米。散上椰蓉（让饼的表面全部沾匀）。

（6）入炉烘烤，上火250℃、下火150℃。烘烤5分钟左右。

（7）烤好的制品冷却后进行二次加工，中间夹奶油即成。

4. 质量要求

制品大小要一致，色泽淡黄，口感松软，有奶香味。

5. 技术要点

（1）要选用新鲜的鸡蛋。因为新鲜鸡蛋的胶体浓度高，能更好地与空气相结合，保持气体的性能较稳定，从而提高清蛋糕的膨松性。

（2）宜选用低筋面粉，或用等量的玉米淀粉代替部分面粉。

（3）合理控制搅拌的温度。全蛋液在25℃左右，蛋清在22℃左右时起泡性最佳。若温度过高，蛋液会变得稀薄、黏性差，无法保存气体；若温度过低，黏性过大，搅拌时不易带入空气。

（4）搅拌鸡蛋的时间不宜过长，否则会破坏蛋糊中的气泡，影响蛋糕的质量。

（5）加入面粉后不要搅打“上劲”，这样会影响制品松软度，糕体不易起发。

（6）正确掌握蛋糊的打发度。蛋糊应打至8～9分发。用搅拌桨搅起蛋糊后下落的蛋糊长度为10～12厘米，用手指搅起蛋糊后下落的蛋糊长度约为3厘米，竖起后尖部挺立。

（7）挤制手法要准确，烘烤火候要把握好。

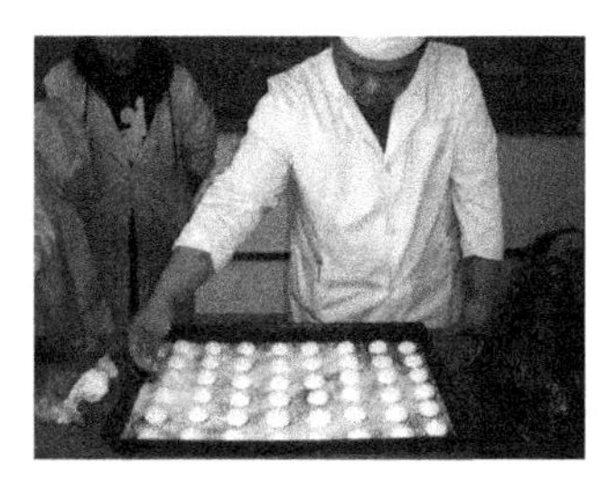

（三）千层蛋糕

1. 原料

（1）全蛋：20 个。

（2）细砂糖：380 克。

（3）盐：4 克。

（4）低筋面粉：420 克。

（5）蛋糕油：50 克。

（6）炼乳：30 克。

（7）水：70 克。

（8）色拉油：100 克。

2. 工艺流程

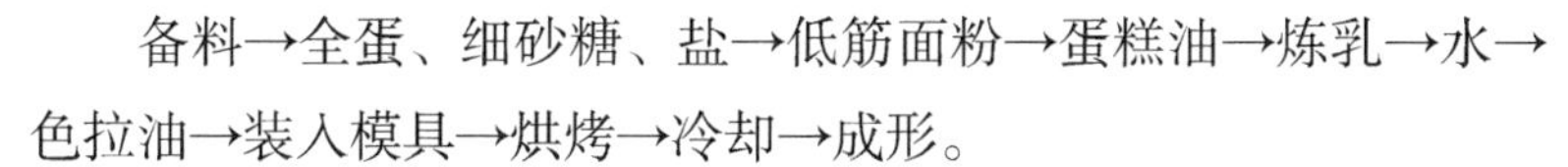

备料→全蛋、细砂糖、盐→低筋面粉→蛋糕油→炼乳→水→色拉油→装入模具→烘烤→冷却→成形。

3. 制作过程

（1）原料准备：把所需原料按需要称好。面粉要过筛。

（2）全蛋、细砂糖、盐一起加入搅拌缸，用球状搅拌器慢速混合，快速搅打 2 ～ 3 分钟，拌至砂糖溶化，蛋液颜色变浅。

（3）加入过筛的面粉、奶香粉，蛋糕油慢速搅拌约 1 分钟，再快速搅拌 3 ～ 4 分钟，至蛋糕完全起发。然后慢速搅拌 1 分钟消泡。

（4）中速搅拌中，将水以细流加入，慢速搅拌约 2 分钟，拌至看不见液体材料。

（5）慢速搅拌中，将色拉油以细流加入，拌至看不见油线时，慢速搅拌 2 分钟消泡后停机。

（6）先将蛋糕糊的四分之一装入铺有防粘布、刷油的烤盘中抹平，入上火 200℃、下火 160℃炉中烘烤成熟，再装入四分之一的蛋糕糊抹平，入上火 200℃、下火 160℃炉中烘烤至熟，剩下的蛋糕浆分两次装入烘烤。烘烤温度为 200℃ /0℃，烘烤至熟。

（7）烤好的制品冷却后切块成形即可。

4. 质量要求

层次分明、每层厚度一致、口感松软、糕体细腻、火候适中。

5. 技术要点

（1）要选用新鲜的鸡蛋，因为新鲜鸡蛋的胶体浓度高，能更好地与空气相结合，保持气体的性能较稳定，从而提高清蛋糕的膨松性。

（2）宜选用低筋面粉，或用等量的玉米淀粉代替部分面粉。

（3）合理控制搅拌的温度。全蛋液在 25℃左右，蛋清在 22℃左右时起泡性最佳。若温度过高，蛋液会变得稀薄、黏性差，无法保存气体；若温度过低，黏性过大，搅拌时不易带入空气。

（4）搅拌鸡蛋的时间不宜过长，否则会破坏蛋糊中的气泡，影响蛋糕的质量。

（5）加入面粉后不要搅打“上劲”，否则会影响制品松软度，糕体不易起发。

（6）正确掌握蛋糊的打发度。蛋糊应打至 7 分发，下落的蛋

糊长度为15厘米。蛋糕浆不可打得太发，打好的蛋糕浆要有一定的流动性。

（7）在加入水和油时一定要在快速搅拌中以细流加入。

（8）装模时每层的蛋糕糊要厚度均匀，正确掌握烘烤温度。

（四）香蕉蛋糕

1. 原料

（1）香蕉：1500克。

（2）绵白糖：2250克。

（3）盐：10克。

（4）鸡蛋（净重）：2500克。

（5）白酒：100克。

（6）高筋面粉：750克。

（7）低筋面粉：1750克。

（8）奶粉：150克。

（9）泡打粉：50克。

（10）色拉油：2250克（重油蛋糕中油与面粉重量相同）。

2. 工艺流程

香蕉、绵白糖、盐→鸡蛋→白酒→过筛粉类→色拉油→装模→成熟。

3. 制作过程

（1）香蕉、绵白糖、盐放入搅拌机，用浆状搅拌器慢速搅打成泥。

（2）鸡蛋分次加入，用慢速搅拌均匀（不需打发）。

（3）以细流加入白酒。

（4）加入过筛的粉类，慢速搅拌均匀即可。

（5）慢速搅拌，以细流加入色拉油，搅拌均匀即可（往中间加入，防止边上搅不到）。

（6）将搅打好的糕浆用抓浆的方法装入哈雷杯中。

（7）先用上火 180℃、下火 170℃的炉温烤制 30 分钟，然后用上火 160℃、下火 150℃的炉温烤制 10 分钟即可。

4. 质量要求

具有淡淡的香蕉味道，油香浓郁、口感深香有回味，结构相对紧密，有一定的弹性。

5. 技术要点

（1）配料中的膨松剂应准确，必须与粉类共同过筛，混合均匀。

（2）面粉应选择中筋面粉。

（3）鸡蛋应分次加入，不需打发。

（4）油脂应以细流加入，必须搅拌均匀。

（5）正确掌握烘烤温度和时间。

任务二　戚风蛋糕类

（一）戚风蛋糕

1. 原料

（1）鸡蛋：18 个。

（2）细砂糖：115 克。

（3）低筋面粉：330 克。

（4）玉米淀粉：40 克。

（5）水：165 克。

（6）色拉油：165 克。

（7）白糖：330 克。

（8）盐：7 克。

（9）塔塔粉：10 克。

2. 工艺流程

（1）蛋黄糊：蛋黄、细砂糖、水→色拉油→过筛粉类（低筋面粉、玉米淀粉、奶香粉、泡打粉）。

（2）蛋白糊：蛋白、2/3 细砂糖、塔塔粉、盐→蛋清湿性发泡阶段加入 1/3 细砂糖。

（3）蛋糕糊：蛋黄糊、1/3 蛋白糊→ 2/3 蛋白糊→装模具→烘烤成熟→成形。

3. 制作过程

（1）清洗鸡蛋，将蛋白、蛋黄分开。将粉类过筛（玉米淀粉、奶香粉、低筋面粉）。

（2）A：①蛋黄、砂糖、牛奶（或水）放入盆中，用手抽搅至糖溶化。②加入色拉油搅匀。③加入过筛粉类（玉米淀粉、奶香粉、低筋面粉），搅拌至无面粉颗粒，放置备用。

（3）B：①蛋白、盐、塔塔粉、

2/3 细砂糖放入搅拌缸，用球状搅拌器慢速混合搅打 1 分钟，快速搅打 3 ～ 4 分钟，打至蛋白湿性发泡阶段（蛋白颜色洁白，无气泡，有光泽，勾起尖部，尾部弯曲）。②加入剩余的 1/3 细砂糖，快速搅拌 2 ～ 3 分钟，打至硬性发泡阶段。

（4）取 1/3 蛋白糊与蛋黄糊快速拌匀后倒入蛋白糊中，快速搅拌轻力拌匀，倒入垫有油纸的烤盘，表面刮平。

（5）入炉烘烤，上火 200℃、下火 170 ～ 180℃，时间约 12 分钟。

（6）出炉后，尽快脱模，冷却后成形即可。

4. 质量标准

质感松软，具有良好的弹性，口感柔软、细腻，口味香甜。

5. 技术要点

（1）蛋白中不能有蛋黄。

（2）蛋白搅拌时的器皿必须清洁，不能有油、水。

（3）蛋白必须打发到硬性发泡阶段，否则影响蛋糕的质量。

（4）蛋黄糊与蛋白糊混合时速度越快越好，用力不要过猛，否则蛋白体积收缩，影响蛋糕起发。

（二）虎皮戚风蛋糕卷

1. 原料

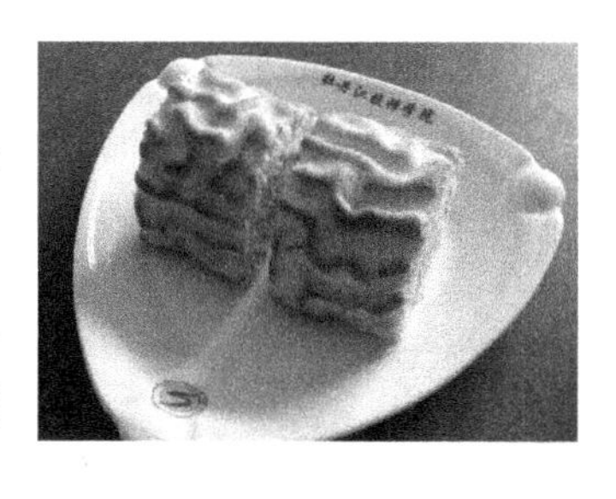

（1）蛋糕坯：全蛋 20 个。

A: 白糖 300 克，盐 7 克，塔塔粉 12 克，水 165 克，色拉油 165 克。

B: 糖 115 克，低筋面粉 330 克，玉米淀粉 50 克，吉士粉 20 克，奶粉 50 克。

（2）装饰皮：蛋黄 400 克，糖 150 克，玉米淀粉 75 克，色拉油 30 克。

（3）馅料：鲜奶油适量。

2. 工艺流程

（1）戚风蛋糕：同戚风蛋糕制作。

（2）装饰皮：蛋黄、白糖→玉米淀粉→色拉油→装入模具→烘烤成熟→成形。

（3）成形。

3. 制作过程

（1）戚风蛋糕制作：同戚风蛋糕。

（2）装饰皮制作：将净蛋黄与糖混合搅拌起发，颜色变浅，打发至原体积的两倍后，加入玉米淀粉慢速搅拌均匀，没有粉粒后加入色拉油，搅拌至混合，即为虎皮浆料。将调制好的浆料投入铺有防粘布的烤盘内。以上火 230℃、下火 0℃烘烤至表面虎皮纹路完全形成后再将上火关闭，以下火 100℃独立烘烤至皮料下面成熟即可备用。

（3）成形：将蛋糕坯正面向下抹一层鲜奶油，卷起成卷状。再将虎皮坯表面向下抹奶油后，将卷好的蛋糕卷放在虎皮中间，用虎皮将蛋糕卷再次卷起，收口朝下成为长卷蛋糕。将长卷每隔 4 厘米切断即为成品。

4. 质量标准

卷制紧密，组织细腻，纹路清晰，色泽适度。

5. 技术要点

（1）蛋糕坯部分的蛋白搅拌时间要掌握好。蛋白不可过“嫩”和过“老”。正常蛋白搅拌至“鹰嘴”状即可。

（2）蛋白搅拌好后不可放置时间过长，以免消泡。

（3）蛋白部分与蛋黄部分混合时，要按顺时针方向搅拌。不可反复变换方向。

（4）蛋白部分与蛋黄部分混合时，不能搅拌时间过长。应该以最短的时间尽快搅拌均匀。

（5）虎皮部分的蛋黄搅拌不易过发。过发会影响虎皮表面纹路。

（6）虎皮浆料要铺平并且不能过厚，过厚影响纹路，不平影响烘烤效果。

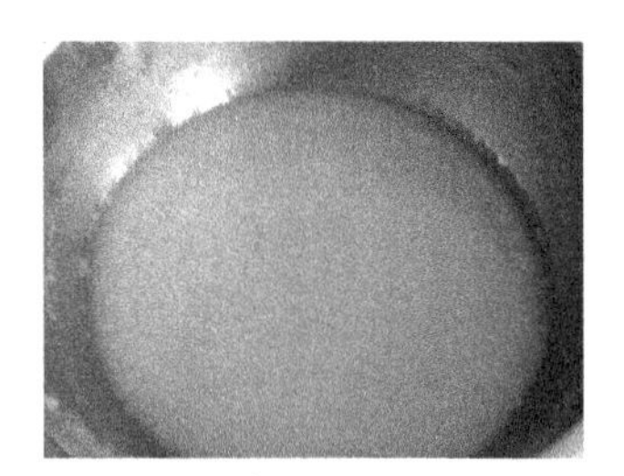

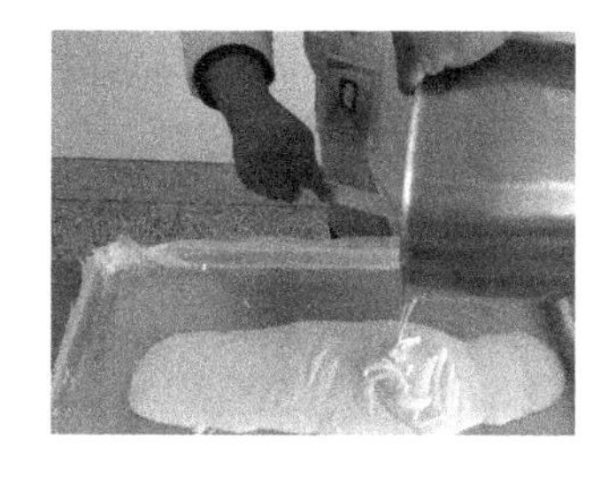

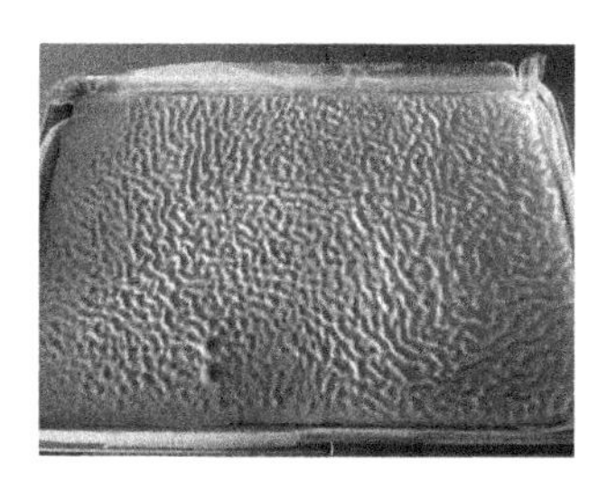

（三）风车卷蛋糕

1. 原料

A：蛋黄 400 克，糖 350 克，液态油脂 160 克，面粉 400 克，吉士粉 30 克，奶香粉 8 克。

B：蛋白 1 000 克，糖 400 克，盐 8 克，塔塔粉 20 克，玉米淀粉 40 克，蛋黄 400 克，水 200 克。

2. 工艺流程

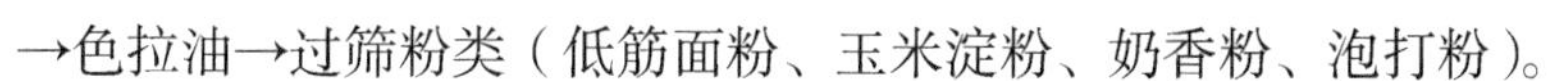

（1）蛋黄糊：蛋黄、细砂糖、水→色拉油→过筛粉类（低筋面粉、玉米淀粉、奶香粉、泡打粉）。

（2）蛋白糊：蛋白、2/3 细砂糖、塔塔粉、盐→蛋清湿性发泡阶段加入 1/3 细砂糖。

（3）蛋糕糊：蛋黄糊、1/3 蛋白糊→ 2/3 蛋白糊→装模具→烘烤成熟→成形。

3. 制作过程

（1）清洗鸡蛋，将蛋白、蛋黄分开。将粉类过筛（玉米淀粉、奶香粉、低筋面粉）。

（2）A：①蛋黄、砂糖、牛奶（或水）放入盆中，用手抽搅至糖溶化。

②加入色拉油搅匀。

③加入过筛粉类（玉米淀粉、奶香粉、低筋面粉），搅拌至无面粉颗粒，放置备用。

（3）B：①蛋白、盐、塔塔粉、2/3 细砂糖放入搅拌缸，用球状拌打器慢速混合搅打 1 分钟，快速搅打 3 ～ 4 分钟，打至蛋白湿性发泡阶段（蛋白颜色洁白，无气泡，有光泽，勾起尖部，尾部弯曲）。

②加入剩余的 1/3 细砂糖，快速搅打 2 ～ 3 分钟，打至硬性发泡阶段。

取 1/3 蛋白糊与蛋黄糊快速拌匀后倒入蛋白糊中，快速轻力拌匀，倒入垫有油纸的烤盘，表面刮平，厚度为 1.5 厘米。

（4）烘烤温度为上火 200℃、下火 180℃，烘烤成熟，晾凉备用。

（5）将晾凉的蛋糕坯用锯刀切割为宽度为 1.5 厘米的长条。将长条表面朝上并排摆放。将表面部分抹适当奶油。将每一条抹过奶油的蛋糕截面朝上，每一条粘连在一起，卷成卷状，分块切割即可。

4. 质量标准

质感松软，具有良好的弹性，口感柔软、细腻，口味香甜，造型美观，形似风车。

5. 技术要点

（1）蛋糕切割宽度要一致。

（2）卷制要紧实，不可过松。

（3）馅料不可抹得过多，以免卷制时溢出。

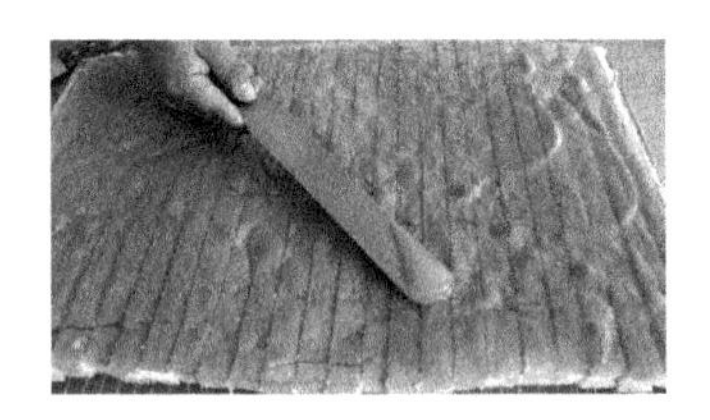

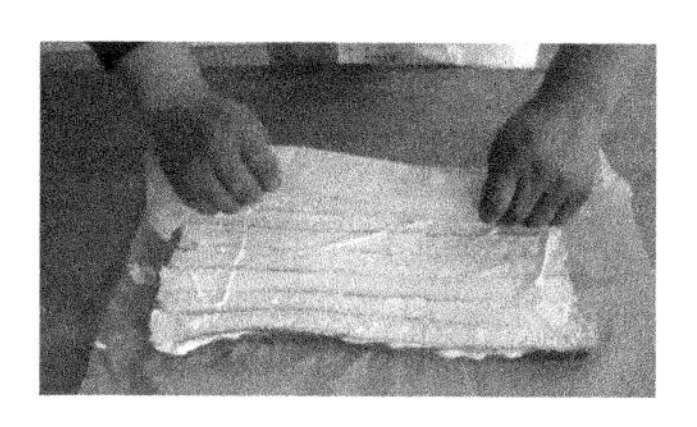

（四）乳酪蛋糕（奶酪蛋糕、芝士蛋糕）

1. 原料

A：蛋黄 100 克，安佳奶油乳酪 200 克，牛奶 150 克，安佳奶油 60 克，低筋面粉 25 克，玉米淀粉 16 克，蛋黄 100 克。

B：蛋白 200 克，糖 115 克，塔塔粉 2 克。

2. 工艺流程

（1）蛋黄糊：乳酪、奶油、牛奶（隔水加热至融化）→过筛粉类→蛋黄。

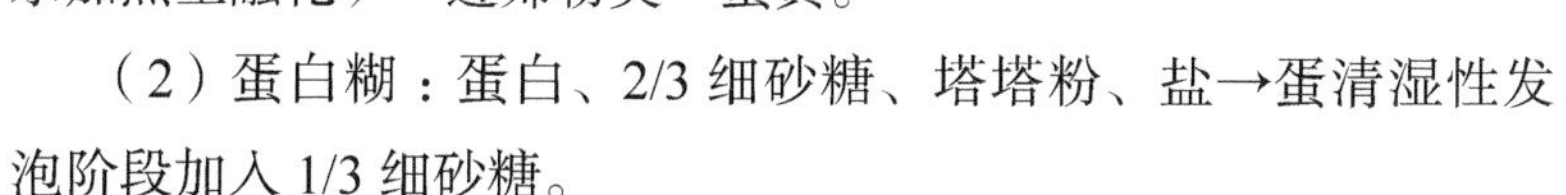

（2）蛋白糊：蛋白、2/3 细砂糖、塔塔粉、盐→蛋清湿性发泡阶段加入 1/3 细砂糖。

（3）蛋糕糊：蛋黄糊、1/3 蛋白糊→ 2/3 蛋白糊→装模具→烘烤成熟→成形。

3. 制作过程

（1）乳酪、奶油、牛奶装入盆中，隔水加热至乳酪融化。

（2）加入过筛的粉类（低筋面粉、玉米淀粉），拌匀至无粉粒。

（3）加入蛋黄拌匀。

（4）蛋白、盐、塔塔粉、2/3 细砂糖放入搅拌缸，用球状拌打器慢速混合搅打 1 分钟，快速搅打 3 ～ 4 分钟，打至蛋白湿性发泡阶段（蛋白颜色洁白，无气泡，有光泽，勾起尖部，尾部弯曲）。

加入剩余的1/3细砂糖，快速搅打2～3分钟，打至硬性发泡阶段。

（5）取1/3蛋白糊与蛋黄糊快速拌匀后倒入蛋白糊中，快速轻力拌匀，倒入垫有油纸的乳酪模具中，六分满。

（6）将模具装入高沿盘中，将盘中倒入水，入炉烘烤。烘烤温度为上火200℃，下火125℃，烤20分钟后上火降为0℃、下火不变，继续烘烤40分钟。

4. 质量标准

乳酪蛋糕有如嫩豆腐般光滑细腻，含有乳酪的清香，口感细腻清爽，风味独特。

5. 技术要点

（1）乳酪要采用隔水加热法。

（2）蛋黄加入时温度应在50℃以下。

（3）粉料原料应混合均匀，否则糕体易开裂。

（4）蛋白打发度稍软（尖部下搭）。

（五）布朗尼蛋糕

1. 原料

奶油250克，白巧克力250克，全蛋400克，绵白糖250克，

低筋面粉 250 克，杏仁 250 克，黑白巧克力适量（装饰用）。

2. 工艺流程

奶油、白巧克力→隔水融化

↓

全蛋、白糖→奶油巧克力溶液→低筋面粉→杏仁碎→装入模具→烘烤成熟→晾凉→抹熔化的黑巧克力→挤白巧克力线条→成形。

3. 制作过程

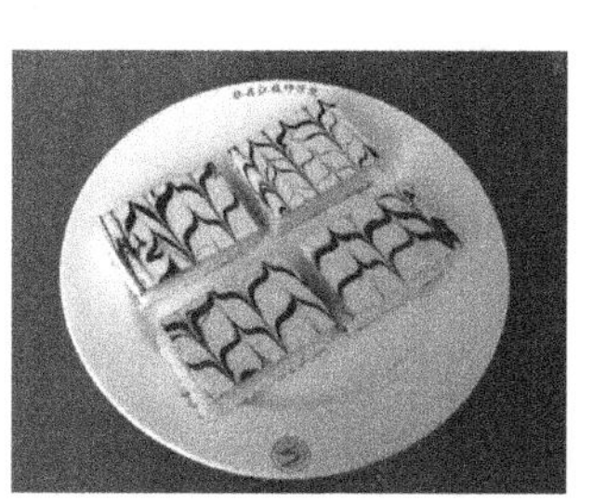

（1）将奶油和白巧克力放入小盆中，隔水加热融化备用。

（2）将全蛋和白糖放入搅拌机中搅打至干性发泡。

（3）加入过筛后的低筋面粉，低速搅拌至无粉粒。

（4）加入融化后的奶油巧克力液，搅拌均匀后加入杏仁碎，拌匀倒入铺有防粘布的烤盘中。

（5）入上火 180℃、下火 175℃的烤箱中烤制 30 分钟左右成熟。

（6）成熟后的蛋糕晾凉，将黑巧克力熔化涂抹在蛋糕的表面，再挤上白巧克力线条，用牙签将未凝固的巧克力来回刮出纹路后晾凉至巧克力凝固。用烫热后的密齿锯刀将蛋糕切割成方形即可。

4. 质量标准

味道馥郁，甜美浓香，口感细腻柔滑，回味无穷。

5. 技术要点

（1）蛋糖打发程度要合适，一般为原蛋液的两倍半左右。

（2）铺入烤盘不可过厚，一般厚度为 4 厘米，以免不易成熟。

（3）表面装饰巧克力厚度要一致，并且要平整，不露蛋糕坯。

（六）佛林夹心

1. 原料

A：蛋黄 175 克，细砂糖 105 克，盐 5 克，色香油少许。

B：蛋白 400 克，糖 240 克，塔塔粉 10 克，低筋面粉 230 克。

C：耐烤糖粉（装饰用）。

D：馅料：安佳奶油 100 克，花

生酱 100 克，花生碎 50 克，糖浆 50 克（糖浆比例为糖 2 500 克、水 2 000 克、柠檬酸 3 克，熬制温度 115℃）。

2. 工艺流程

（1）蛋黄糊：蛋黄、细砂糖、盐（打发）→色香油。

（2）蛋白糊：蛋白、2/3 细砂糖、塔塔粉、盐→蛋清湿性发泡阶段加入 1/3 细砂糖。

（3）蛋糕糊：蛋黄糊、蛋白糊（混合均匀）→低筋面粉→成形→撒糖粉→成熟→最后成形。

3. 制作过程

（1）备料：清洗鸡蛋，蛋清、蛋黄分开，粉料过筛。

（2）蛋黄糊：蛋黄、细砂糖、盐混合均匀打发后，加入色香油拌匀。

（3）蛋白糊：蛋白、糖盐、塔塔粉打至硬性发泡。

（4）面糊：蛋黄糊和蛋白糊混合均匀后，加入低筋面粉，稍加翻拌即可。

（5）将调和的面糊装入裱花袋中，在烤盘上挤成直径 2.5 厘米的小圆饼，在圆饼表面撒上耐烤糖粉。

（6）成熟：烘烤温度为上火 170℃、下火 160℃，烘烤 6 ～ 8 分钟即可。

（7）最后成形：烘烤过后的圆饼两个一组，中间夹馅料粘合在一起。

4. 质量标准

内部松软，表皮酥脆，果味浓郁。

5. 技术要点

（1）加面粉后不能搅拌过度。

（2）蛋黄与蛋白搅拌时不要过于均匀，否则制品无裂痕。

（3）表面洒糖粉后应及时烘烤，否则糖粉易融化。

（七）蓝莓芝士

1. 用料

A: 奶油奶酪 590 克，绵白糖 125 克，鸡蛋 5 个，淡奶油 70 克，玉米淀粉 20 克，柠檬汁 15 克，白兰地酒 20 克，蓝莓酱适量。

B：手指饼干 500 克，黄奶油 150 克，糖浆 50 克。

2. 工艺流程

配料→面团搅拌→加入模具→隔水烘烤→完成。

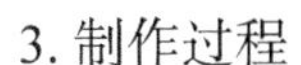

3. 制作过程

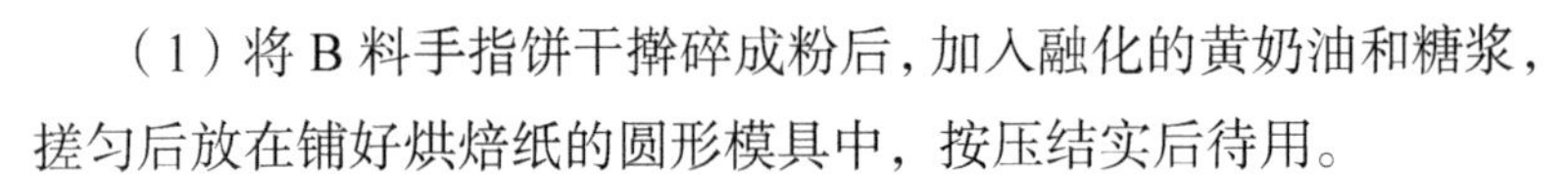

（1）将 B 料手指饼干擀碎成粉后，加入融化的黄奶油和糖浆，搓匀后放在铺好烘焙纸的圆形模具中，按压结实后待用。

（2）将奶油奶酪与绵白糖用搅拌器慢速搅拌均匀，奶酪变软后逐个加入鸡蛋，继续搅拌至蛋液融合，加入淡奶油与玉米淀粉搅拌至无粉粒后，加入柠檬汁与白兰地酒调味。

（3）将打好的奶酪浆料倒入铺有饼干的圆形模具中。将浆料中的气泡震出后在表面挤蓝莓酱线条，然后用竹签划出波浪纹路。

（4）将制作完成的蛋糕放入烤盘中，往烤盘中注入水，入炉烘烤。烘烤温度为上火 170℃、下火 160℃，烘烤 45 分钟左右即可。

（5）将烘烤好的制品晾凉后放入冰箱冷冻，食用时取出，常温解冻后切割为三角块即可。

4. 质量标准

奶酪味道浓郁，表面纹路清晰，内部组织软嫩，形态整齐。

5. 技术要点

（1）奶酪与糖混合时速度不宜过快，以免将过多的气体搅拌入奶酪中。

（2）手指饼干在模具中要按压结实，以免切割时碎裂。

（3）隔水烘烤水量要充足。

（八）戚风肉松蛋糕

1. 用料

A: 全蛋 19 个，糖 170 克，水 250 克，色拉油 250 克，低筋粉 450 克，吉士粉 20 克。

B: 糖 310 克，玉米淀粉 50 克，吉士粉 20 克，盐 5 克，塔塔粉 10 克。

2. 工艺流程

（1）蛋黄糊:蛋黄、细砂糖、水→色拉油→低筋面粉、吉士粉。

（2）蛋白糊：蛋白、2/3 细砂糖、塔塔粉、盐→蛋清湿性发泡阶段加入 1/3 细砂糖→玉米淀粉。

（3）蛋糕糊：蛋黄糊、1/3 蛋白糊→ 2/3 蛋白糊→装模具→烘烤成熟→成形。

3. 制作过程

（1）清洗鸡蛋，将蛋白、蛋黄分开。将粉类过筛（低筋面粉、吉士粉）。

（2）A：①蛋黄、砂糖、牛奶（或水）放入盆中，用手抽搅至糖溶化。②加入色拉油搅匀。③加入过筛粉类（低筋面粉、吉士粉），搅拌至无面粉颗粒，放置备用。

（3）B：①蛋白、盐、塔塔粉、2/3 细砂糖放入搅拌缸，用球状拌打器慢速混合搅打 1 分钟，快速搅打 3 ～ 4 分钟，打至蛋白

湿性发泡阶段（蛋白颜色洁白，无气泡，有光泽，勾起尖部，尾部弯曲）。

②加入剩余的 1/3 细砂糖，快速搅打 1 分钟。

③分次加入玉米淀粉（防止玉米淀粉起疙瘩），打至硬性发泡阶段。

（4）取 1/3 蛋白糊与蛋黄糊快速拌匀后倒入蛋白糊中，快速轻力拌匀，用抓浆的手法将面糊装入垫有油纸的烤盘中，呈直径为 4 ～ 10 厘米的圆形。

（5）入炉烘烤，上火 200℃、下火 170 ～ 180℃，时间约为 12 分钟。

（6）出炉后，尽快脱模，冷却。

（7）取 1 个成熟的圆形蛋糕，将底部抹上沙拉酱，然后盖上另一个蛋糕，在蛋糕的侧壁抹上沙拉酱，滚粘上肉松即可。

4. 质量标准

质感松软，具有良好的弹性，口感柔软、细腻，有肉松的特殊味道。

5. 技术要点

（1）蛋白中不能有蛋黄。

（2）蛋白搅拌时的器皿必须清洁，不能有油、水。

（3）蛋白必须打发到硬性发泡阶段，否则影响蛋糕的质量。

（4）玉米淀粉要慢慢地分散加入，防止起疙瘩。

（5）蛋黄糊与蛋白糊混合时速度越快越好，用力不要过猛，否则蛋白体积收缩，影响蛋糕起发。

项目三
面包品种

一、面包简介

面包，是一种用五谷（一般是麦类）磨粉为主要原料，以酵母、鸡蛋、油脂、果仁等为辅料，加水调制成面团，经过发酵、整形、成形、焙烤、冷却等过程加工而成的焙烤食品。以面包为日常主要碳水化合物来源的国家集中在欧洲、北美洲、南美洲、大洋洲、亚洲及非洲的一些国家。

二、面包的分类

1. 按面包的质地分为四类

（1）软质面包：甜面包，吐司面包，汉堡包的面包，切片面包（组织松软、体轻膨大、质地细腻、富有弹性）。

（2）松质面包：丹麦面包（质地酥松、层次分明）。

（3）脆皮面包：法式长棍（内部组织松软开口、表皮松脆）。

（4）硬质面包：俄罗斯面包，圣诞面包（质地较硬、经久耐嚼、越吃越香、醇香浓郁）。

2. 按颜色分类

（1）白面包：制作白面包的面粉磨自麦类颗粒的核心部分，故此面包颜色也是白的。

（2）褐色面包：制作该种面包的面粉中除了麦类颗粒的核心部分，还包括胚乳和 10% 的麸皮。

（3）全麦面包：制作该面包的面粉包括了麦类颗粒的所有部分，因此这种面包也叫全谷面包，面包颜色比前述褐色面包深。主要食用地区是北美洲。

（4）黑麦面包：面粉来自黑麦，内含高纤维素，面包颜色比全麦面包还深。主要食用地区是北欧和波罗的海沿岸、德国、俄罗斯、芬兰。

（5）酸酵面包：一般都是含有饱和脂肪酸或者碳水化合物含量较高的面包。

（6）无发酵面包：一般用于宗教仪式。

3. 按国家分类

（1）英国：英国面包以复活节十字面包（Hot Cross Buns）和香蕉面包（Banana Bread）闻名。

（2）丹麦:丹麦面包（Danis Hpastry）以表面浓厚的糖汁闻名，特点是甜腻而且热量高。

（3）德国：椒盐 8 字面包（Brezel）。

（4）法国：法式长棍面包（Baguette）。

4. 按材料分类

（1）主食面包：主食面包，顾名思义，即当作主食来食用的

面包。主食面包的配方特征是油和糖的比例较其他的产品低一些。根据国际上主食面包的惯例，以面粉量作基数来计算，糖用量一般不超过 10%，油脂低于 6%。其主要根据是主食面包通常是与其他副食品一起食用，所以本身不必要添加过多的辅料。主食面包主要包括平顶或弧顶枕形面包、大圆形面包、法式面包。

（2）花色面包：花色面包的品种甚多，包括夹馅面包、表面喷涂面包、油炸面包圈及因形状而异的品种等几个大类。它的配方优于主食面包，其辅料配比属于中等水平。以面粉量作基数来计算，糖用量 12% ～ 15%，油脂用量 7% ～ 10%，还有鸡蛋、牛奶等其他辅料。与主食面包相比，其结构更为松软，体积大，风味优良，除面包本身的滋味外，尚有其他原料的风味。

（3）调理面包：属于二次加工的面包，烤熟后的面包再一次加工制成，主要品种有三明治、汉堡包、热狗等。实际上这是从主食面包派生出来的产品。

（4）丹麦酥油面包：这是开发的一种新产品，由于配方中使用较多的油脂，又在面团中包入大量的固体脂肪，所以属于面包中档次较高的产品。该产品既保持面包特色，又近于馅饼及千层酥等西点类食品。产品问世以后，由于酥软爽口，风味奇特，再加上香气浓郁，备受消费者的欢迎，获得较大幅度的增长。

三、面粉

1. 面筋和面筋工艺性能

1）面筋（Gluten）

将面粉加水经过机械搅拌或手工揉搓后形成的具有黏弹性的面团放入水中搓洗，淀粉、可溶性蛋白质、灰分等成分渐渐离开面团而悬浮于水中，最后剩下一块具有黏性、弹性和延伸性的软胶状物质就是所谓的粗面筋。粗面筋含水 65% ～ 70%，故又称为湿面筋，是面粉中面筋性蛋白质吸水胀润的结果。湿面筋经烘干水分即得干面筋。面团因有面筋形成，才能通过发酵制成面包类产品。

在一般情况下，湿面筋含量在 35% 以上的面粉称为强力粉（Strong Flour），适宜制作面包；湿面筋含量在 26% ～ 35% 的称为中力粉（Middling Flour），适宜制作面条、馒头；湿面筋含量在 26% 以下的是弱力粉（Weak Flour），适宜制作糕点、饼干、蛋糕。

面筋质主要是由麦胶蛋白和麦谷蛋白组成的，这两种蛋白质约占干面筋重的 80%，其余 20% 左右是淀粉、纤维素、脂肪和其他蛋白质。

面筋蛋白质具有很强的吸水能力，虽然它们在面粉中的含量不多，但调粉时吸收的水量却很大，约占面团总吸水量的 60% ～ 70%。面粉中面筋质含量越高，面粉吸水量越大。在适宜条件下，1 份干面筋可吸收大约 2 倍自重的水。

影响面筋形成的因素有：面团温度、面团放置时间和面粉质量等。一般情况下，在 30 ～ 40℃之间，面筋的生成率最大，温度过低，则面筋胀润过程延缓而生成率降低。蛋白质吸水形成面筋需要经过一段时间，将调制好的面团静置一段时间有利于面筋的形成。

2）面筋的工艺性能

面粉的筋力好坏、强弱不仅与面筋的数量有关，也与面筋的质量有关。

通常，评定面筋质量和工艺性能的指标有延伸性、可塑性、弹性、韧性和比延伸性。

延伸性（Ductility）：指面筋被拉长到某种程度而不断裂的性

质。延伸性好的面筋，面粉的品质一般也较好。

弹性（Elasticity）：指湿面筋被压缩或被拉伸后恢复原来状态的能力。面筋的弹性可分为强、中、弱三等。弹性强的面筋，用手指按压后能迅速恢复原状，且不粘手和留下手指痕迹，用手拉伸时有很大的抵抗力；弹性弱的面筋，用手指按压后不能复原，粘手并留下较深的指纹，用手拉伸时抵抗力很小，下垂时，会因自身重力自行断裂；弹性中等的面筋，性能介于两者之间。

韧性(Tenacity):指面筋对拉伸时所表现的抵抗力。一般来说，弹性强的面筋，韧性也好。

可塑性（Plasticity）：指湿面筋被压缩或拉伸后不能恢复原来状态的能力，即面筋保持被塑形状的能力。一般面筋的弹性、韧性越好，可塑性越差。

比延伸性：以面筋每分钟能自动延伸的厘米数来表示。面筋质量好的强力面粉一般每分钟仅自动延伸几厘米，而弱力粉的面筋可自动延伸长达 100 多厘米。

根据面筋的工艺性能，可将面筋分为三类。

优良面筋：弹性好，延伸性大或适中。

中等面筋：弹性好，延伸性小，或弹性中等，比延伸性小。

劣质面筋:弹性小,韧性差,由于本身重力而自然延伸和断裂。完全没有弹性或冲洗面筋时，不粘结而流散。

不同的烘焙食品对面筋工艺性能的要求也不同。制作面包要求弹性和延伸性都好的面粉。制作蛋糕、饼干、糕点,则要求弹性、延伸性都不高，但可塑性良好的面粉。如果面粉的工艺性能不符合所制食品的要求，则需添加面粉改良剂或用其他工艺措施来改善面粉的性能，使其符合所制食品的要求。

3）面粉蛋白质的数量和质量

一般来说，面粉内所含蛋白质的量越高，制作出的面包体积越大，反之越小。但有些面粉，如杜伦小麦粉，蛋白质含量虽然较高，但面包体积却很小，这说明面粉的烘焙品质不仅由蛋白质的数量决定，还与蛋白质的质量有关。

面粉加水搅拌时，麦谷蛋白首先吸水涨润，同时麦胶蛋白、酸溶蛋白及水溶性的清蛋白和球蛋白等成分也逐渐吸水胀润，随着不断搅拌形成了面筋网络。麦胶蛋白形成的面筋具有良好的延伸性，但缺乏弹性，有利于面团的整形操作，但面筋筋力不足，很软，很弱，使成品体积小，弹性较差。麦谷蛋白形成的面筋则有良好的弹性，筋力强，面筋结构牢固，但延伸性差。如果麦谷蛋白过多，势必造成面团弹性、韧性太强，无法膨胀，导致产品体积小，或因面团韧性和持气性太强，面团内气压大而造成产品表面开裂现象。如果麦胶蛋白含量过多，则造成面团太软弱，面筋网络结构不牢固，持气性差，面团过度膨胀，导致产品出现顶部塌陷、变形等不良结果。

所以，面粉的烘焙品质不仅与总蛋白质数量有关，而且与面筋蛋白质的种类有关，即麦胶蛋白和麦谷蛋白之间的量要成比例。这两种蛋白质的相互补充使面团既有适宜的弹性、韧性，又有理想的延伸性。

选择面粉时应依据以下原则：在面粉蛋白质数量相差很大时，以数量为主；在蛋白质数量相差不大，但质量相差很大时，以质量为主；也可以采取搭配使用的方法来弥补面粉蛋白质数量和质量之间的不足。

2. 面粉对面包的作用与影响

面粉是生成面包最为重要的原料，只有高质量的面粉才能生产出高质量的面包。面包面粉应选择主要以硬质小麦生产的面包专用粉或高筋面粉。

面包应用高筋面粉主要是因为面粉品质影响面包生产的各个环节，进而影响面包的品质。

（1）面粉质量对面团搅拌的影响。当面筋得到充分扩展时，面团变得非常柔软，用手拉时具有良好的弹性和延伸性，良好的延伸性使面团变得柔软；易于滚圆和整形。良好的弹性则使面团在发酵和烘烤过程中可以保存适量的 CO_2 气体，并能承受面团膨胀所产生的张力，使 CO_2 不易逸出，面包具有良好的烘培急胀，保证成品达到最大体积且组织均匀。另外，面筋含量高且质量好的面粉的吸水率也较大，从而有利于保持产品的柔软度，同时也提高了出品率。

（2）面粉质量对面团发酵的影响。影响面团发酵的因素较多，就面粉品质方面而言，首先是面粉中的淀粉酶的活性对面团发酵的影响较大。其次，面粉筋度的强弱对发酵也有较大影响。

（3）面粉质量对烘烤的影响。筋度较强的面粉搅拌的面团经过正常的发酵，入炉后具有明显的烘培急胀，随着烘烤的进行，面筋凝固，韧性增强，面团内部压力增加，使面包得到膨大，形成松软的体积和均匀、韧性的内部组织。如果面粉的筋度太弱，面筋组织结构承受不了一定的压力，小气孔破裂变成大气孔，使面包内部组织不均匀，出现大空洞，严重时会出现塌架现象。另外，面粉的加工精度，即灰分对面包芯的光泽度、面包口感影响也较大，精度越高，灰分越低，面包芯乳白光亮、无砂感。

3. 正确选择面包用粉

为确保面包的品质，选择面包用粉应从以下四个方面考虑。

（1）面粉的筋力。

（2）面粉中酶活性。

（3）发酵耐力，即面团超过预定的发酵时间还能生产出良好质量的面包。面粉发酵耐力强，对生产中各种特殊情况适应性强，有利于保持面包质量。

（4）吸水率。

4. 面粉的包装与储藏

市售的面粉包装，一般每袋重量为 25 千克，家用面粉多为 0.5 千克、1 千克、5 千克装。一般饼店大多整批大量采购储存备用，以保证烘焙食品品质良好的统一性，同时可使面粉在储存期间因本身的呼吸作用而熟化。

大批购买面粉时储存过程中应注意以下事项。

（1）通风：面粉储存室必须干净，通风设备良好，并且不得有异味，应避免贴靠墙壁，以保持通风。

（2）湿度：储存室的相对湿度宜为 55% ～ 65%。

（3）温度：储存室最好有空调设备，温度在 18 ～ 24℃最佳。

四、面团搅拌过程及其工艺特性要经历四个阶段

1. 干湿料混合阶段

干性原料与湿性原料混合成为一个粗糙且黏湿的面块，表面不整齐，无弹性，且易散落。

2. 面团成团阶段

面团中的面筋开始形成，用手触摸面团时仍会粘手，用手拉取面团时无良好的延伸性，易断裂。

3. 面筋扩展阶段

面团表面渐趋于干燥，较为光滑，有光泽，用手能拉出薄膜，但薄膜粗糙，拉断处毛茬呈小锯齿状。

4. 面团充分扩展阶段（完成阶段）

面团的表面干燥而有光泽，面筋达到充分扩展，用手能拉出均匀薄膜（如透明玻璃纸状，隔着薄膜能看到指纹），断处无锯齿状，断裂处呈圆圈状向四处扩散。

面团搅拌不当对面包品质的影响有两种情况。

（1）面团搅拌不足：面团中的面筋质不能充分扩展，缺乏良好的弹性和延伸性，不能保留发酵过程中所产生的 CO_2 气体，无法使面筋软化，产品体积小，内部组织粗糙，结构不均匀。

（2）面团搅拌过度：破坏了面团中面筋质结构，使面团过分湿润、粘手，整形操作十分困难，因面坯无法保留气体而造成其制品内部组织粗糙。

五、面团的升温控制

面团在搅拌时，往往面团温度逐渐升高。引起面团升温的主要原因是面团内部分子间的摩擦和面团与搅拌缸之间的摩擦而产生的摩擦热。由摩擦热引起面团升温的高低取决于以下因素。

1. 搅拌机的种类

使用高速搅拌机（转速 60 转 / 分钟或更高）产生的摩擦热相当高。若使用转速低于 30 转 / 分钟的搅拌机（或调粉机），单位时间内升温不是很大，但是随着搅拌时间延长，仍会产生较大的

摩擦升温。

2. 面粉的面筋含量（即蛋白质的含量）

面粉筋度越高，完成搅拌所需要的时间越长，搅拌过程中产生的摩擦升温较高。

3. 面团软硬度的影响

吸水量较少的面团能产生的热高于吸水量多的面团。因此用水量少、较硬的面团，其摩擦升温较大。

4. 面团种类与面团数量

面团种类依照面包种类可分为低成分面包和高成分面包，配方成分的高低均影响面团搅拌的时间，原则上配方成分越高，则搅拌时间越长。合理的面团数量应是搅拌缸容量的 3/4 左右。过多或过少除了影响面团温度，还会影响面团面筋的形成。

控制面团升温的方法有两种：一种是利用设备控制面团升温，如使用双层搅拌缸，中间层通过空气或冷水，吸收热量；另一种是通过水温来控制面团温度，如使用冰水和面来降低面团升温。

六、摩擦升温的计算

搅拌面团时，必须明确知道摩擦升温多少，才能决定加入多少冰或什么温度的冰水。摩擦升温的高低与面包生产方法、面团搅拌时间和面团配发等因素有非常大的关系。

在直接法面包面团搅拌中及二次法中种面团中，摩擦升温的计算方法如下：

摩擦升温＝（3× 搅拌后面团温度）－（室温＋粉温＋水温）

或 $FF = (3 \times ADT) - (RT + FT + WT)$

例：采用直接法搅拌某面团后，测得面团温度为 33℃，当时室温 28℃，粉温 26℃，自来水温 25℃，求摩擦升温。

解：已知 ADT = 33 ℃，RT = 28 ℃，FT = 26 ℃，WT = 25℃

则
$$FF = (3 \times ADT) - (RT + FT + WT)$$
$$= (3 \times 33) - (28 + 26 + 25)$$
$$= 99 - 79 = 20(℃)$$

在二次法主面团中，主面团在搅拌时多了中种面团这个因素，故在摩擦升温计算中应考虑中种面团温度。其计算公式如下：

主面团摩擦升温=（4× 搅拌后面团温度）－（室温＋粉温＋水温＋发酵后中种面团温度）

或
$$FF = (4 \times ADT) - (RT + FT + WT + ST)$$

例：测得主面团搅拌后的温度为 27℃，当时室温 22℃，粉温 20℃，使用水温 19℃，发酵后中种面团温度 28℃，求摩擦升温。

解：已知 ADT = 27 ℃，RT = 22 ℃，FT = 20 ℃，WT = 19℃，ST = 28℃

则
$$FF = (4 \times ADT) - (RT + FT + WT + ST)$$
$$= (4 \times 27) - (22 + 20 + 19 + 28)$$
$$= 108 - 89 = 19(℃)$$

七、面包制作的工艺方法

1. 快速直接法

快速直接法是指面团搅拌完成后，不经基本发酵，只需 10 ～ 15 分钟的松弛，就开始分割、整形，此方法是针对快速生产面包所采用的一种方法。配方中酵母的用量一般为 2% ～ 2.5%。面团搅拌后的温度为 30 ～ 32℃，生产周期约 3 小时。

缺点：缺乏面团应有的香味，口感较紧密，产品弹性不佳，易发黏。

优点：省时省力，不用过多关注。

2. 直接法

面团搅拌后，经过大约 1 小时的发酵，使酵母在面团中产生大量的乙醇及芳香化合物（酸香味），体积比快速直接法稍大，口感更柔软，一般面团搅拌后的温度为 26 ～ 28℃。

缺点：需灵活掌握，容易发酵过度。

优点：口感更好。

3. 中种法（间接法、隔夜法）

将面包原料拆成两部分，分两次搅拌面团，两次发酵的工艺方法。

缺点：费时费力，中种面团发酵过度，面团会发黏，影响操作，口感发黏，发酸。

优点：面包弹性好，组织较其他面包的口感更加柔软，保质期长，同时面包的体积也会增大，使烤好后的面包更有浓郁的香味。

4. 汤种法

面包原料共分为三部分，包括主面团部分、老面部分、汤种部分。

缺点：制作工艺复杂，制作难度大，制作周期较长。

优点：面包柔软，有弹性。由于汤种部分经过了烫面，面粉中淀粉颗粒糊化，大量吸收水分。并将水分保持在了烘烤成熟的面包中。所以汤种面包内部水分含量高，保鲜期长、组织绵软、口感好。

任务一　甜面包类

（一）椰子餐包

1. 原料

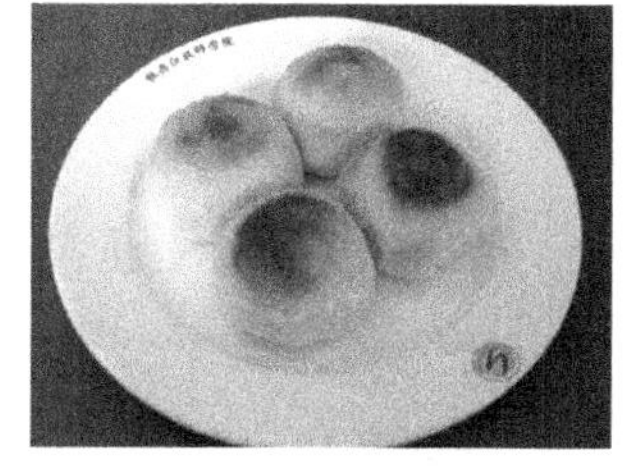

（1）面团配料：面包粉 500 克，糖 100 克，盐 4 克，酵母 6 克，奶粉 20 克，奶油 40 克，蛋 1 个，水 200 克，椰子香粉 6 克，乳化剂 3 克。

（2）椰子酱配料：鸡蛋 2 个，糖 250 克，盐 3 克，牛奶 150 克，液体黄色素 3 滴，水 100 克，色拉油 1000 克，椰蓉 200 克。

2. 工艺流程

面团搅拌→面团分割→面包成形→发酵→装饰→烘烤→冷却。

3. 制作过程

首先将面团配料准确称重，将面团搅拌至十成面筋。将搅拌好的面团分割成每个 40 克的剂子，将分好的剂子揉团。使其成为组织均匀的小圆球，摆放在烤盘中。放入发酵箱醒发至原来体积的 3 倍，取出晾干表面水气后，在其表面用挤袋法均匀地装饰上椰子酱，进炉烘烤。烘烤温度为上火 200℃、下火 190℃。烘烤 15 分钟左右即成熟。成熟的面包要冷却后食用，否则一些胃酸过重的人会胃疼。

4. 质量标准

面包底面呈棕褐色，表面金黄色，外观饱满，有浓郁的椰子香味。

5. 技术要点

（1）面团配料进行搅拌前，酵母不可与糖和盐混放。

（2）面团分割要大小一致。

（3）面团揉圆要使面团紧密，内部多余的空气揉出。

（4）面团发酵不可过度。

（5）面团装饰时要均匀，使面团表面全部包裹在酱料之下。

（6）面包烘烤完成出炉时要轻轻震荡一下，这样可以防止面包塌陷。

（二）三角肉松面包

1. 原料

面团配料同椰子餐包。

果味沙拉酱配料：鸡蛋 2 个，糖 200 克，盐 5 克，醋精 50 克，色拉油 1500 克，菠萝果酱 350 克。

2. 工艺流程

面团搅拌→面团分割→面包成形→发酵→装饰→烘烤→冷却。

果味沙拉酱：鸡蛋加糖搅拌→加入盐快速搅拌→加入色拉油→加入醋精→加入果酱。

3. 制作过程

面团搅拌过程同椰子餐包。

沙拉酱制作过程：鸡蛋与糖搅拌至糖融化后加入盐快速搅拌，逐步加入色拉油和醋精，最后加入菠萝果酱即可。

将面团分割成每个 600 克的面团，将面团擀成长方形的大片。

由一边卷起，成为圆柱形状的长条。放入烤盘中进发酵箱发酵。发酵温度为35℃，湿度为70%。发酵90分钟。

将发酵好的面团表面刷蛋后，撒上肉松与火腿丁后挤慢沙拉酱，进炉烘烤。烘烤温度为上火160℃、下火170℃，大概烘烤20分钟即可。

4. 风味特点

咸香味浓，酸甜适口。

5. 技术要点

注意面团的醒发不可过大，其次是烘烤大的面包一定要注意控制温度。

（三）菠萝包

1. 原料

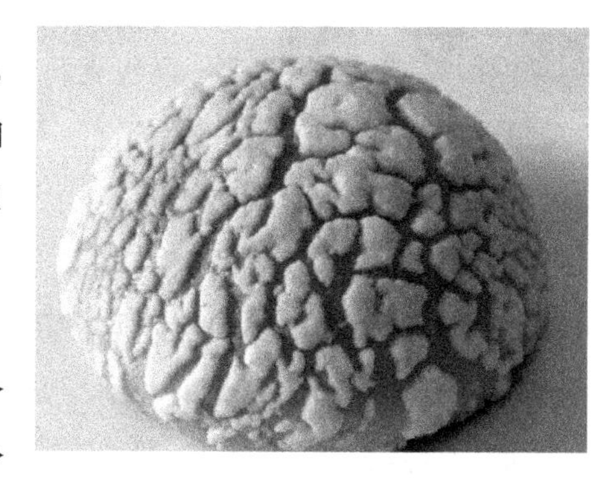

面团配料同椰子餐包。

菠萝皮配料：奶油150克，糖125克，鸡蛋1个，面粉500克。

2. 工艺流程

面团搅拌→面团分割→面包成形→发酵→装饰→烘烤→冷却。

菠萝皮：

奶油与糖打发→加入鸡蛋→加入面粉。

3. 制作过程

将搅拌好的面团分割为150克每个。将面团揉圆后，用50

克的菠萝皮将面团表面包严实，放入烤盘中进发酵箱发酵 90 分钟左右。将发好的面包面团放入烤箱烘烤。烘烤温度为上火 180℃、下火 170℃，烘烤 15 分钟左右即可。

4. 风味特点

奶油味重，外皮酥松，内部柔软。

5. 技术要点

（1）菠萝皮一定要包裹均匀，薄厚一致。

（2）注意菠萝皮上色比较快，烘烤时注意控制时间与温度。

（四）火腿面包

1. 原料

面团配料同椰子餐包。

2. 工艺流程

面团搅拌→面团分割→面包成形→发酵→装饰→烘烤→冷却。

3. 制作过程

将面团分割为每个 100 克的面团。将面团揉圆醒制一会后，用擀面杖擀成椭圆形的片，将火腿肠顺着从中间剖开，成为两条半圆形的长条。将剖开的火腿肠放在面片中间，再将面片的两边用刀片划开两条。将划开的两条在火腿肠的上方交叉后压在面片的下面，放进发酵箱的烤盘上进行发酵。将发酵好的面团放在烤箱中进行烘烤。烘烤温度为上火 180℃、下火 170℃，烘烤 15 分钟即可。

4. 风味特点

咸鲜可口，略带酸甜，口味丰富，表面鲜亮。

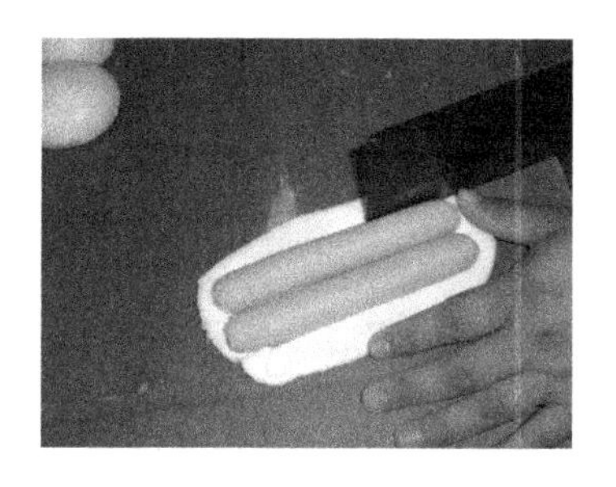

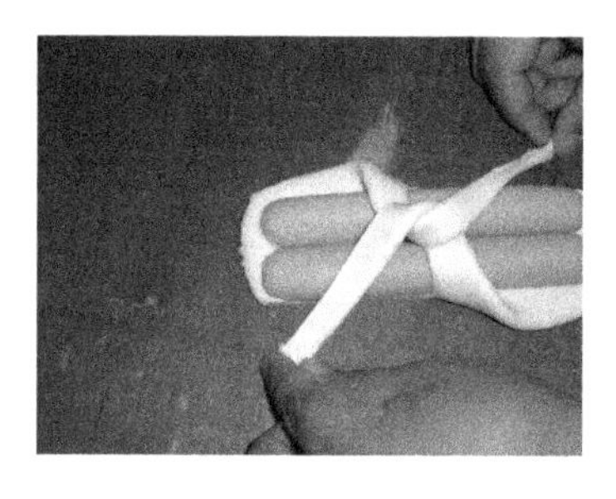

（五）甜甜圈

1. 原料

面包粉 800 克，蛋糕粉 200 克，糖 200 克，盐 10 克，酵母 15 克，奶粉 50 克，奶油 100 克，鸡蛋 2 个，水 400 克，泡打粉 10 克。

2. 工艺流程

面团搅拌→面团分割→面包成形→发酵→油炸→装饰

3. 制作过程

将搅拌好的面团分割为每个 100 克的面团，将面团揉圆后做成圈状，放在烤盘中进发酵箱发酵 60 分钟左右。将发酵好的面包置于 180℃的油中进行炸制，炸到表面金黄即可。可以在炸好的面团表面装饰巧克力或布丁水，也可粘砂糖或椰蓉。

4. 风味特点

外皮有韧性，内柔软，风味独特。

5. 技术要点

注意炸制的面包不可发得过大，否则不宜下锅。炸制时注意两面火力要均匀。不可出现阴阳两面的现象。

任务三　松质面包、脆皮面包

（六）牛角包

1. 配料

高筋粉 5000 克，糖 1100 克，盐 55 克，酵母 60 克，改良剂 20 克，牛奶 300 克，奶油 400 克，奶粉 200 克，蛋 10 个，水 1800 克，甜片油 3000 克，椰蓉 500 克。

2. 工艺流程

配料→面团搅拌→面团分割→面团冷冻→包酥→开酥→成形→发酵→烘烤。

3. 制作过程

（1）首先将配料中除奶油、椰蓉与甜片油以外所有原料放入搅拌缸中，搅拌成团后加入奶油（此处与甜面团不同，不用等面团七成面筋再加奶油，只要成团就可以加奶油），继续搅拌至面团八成面筋即可将面团取出。牛角包面团不用搅拌至全筋性。

（2）将搅拌好的面团取出后分割成每个 1500 克的大面团，大致分为 6 块面团。将分好的面团擀为厚度 2 厘米的长方形面团。用保鲜膜将面团包好放入冰箱中，冷冻 45 分钟左右后将面团取出。将面团稍微擀开后，取 500 克面团放在长方形面团的中间。将面团两端向中间包合后，将中间部位捏合严实。将包好的面坯擀开为厚度 1 厘米的长方形片后平均分三份，左右两份向中间份叠合后，再次擀开为厚度 1 厘米的长方形片。将长方形片表面刷一层融化的黄奶油，撒上一层椰蓉再次进行三层叠制。将叠好的

面坯覆盖保鲜膜放入冰箱冷冻 30 分钟。

（3）将冷冻好的面坯取出，擀开为厚度 0.5 厘米的长方形薄片。用刀具将面片分割为底边 5 厘米、高 10 厘米的等腰三角型面坯。然后将三角型面坯由底边向顶角卷起，边卷边向两侧用力，使面坯稍微拉长成为牛角包形状，收口处压实放入烤盘中。

（4）将发酵箱温度调为 30℃、湿度 70%。将做好的面包放入发酵箱，醒发 60 分钟左右后表面刷蛋液，撒芝麻入烤箱烘烤。烘烤温度为上火 210℃、下火 190℃。烘烤上色后降温为上火 190℃、下火 180℃，继续烘烤至面包水分蒸发、表皮稍微炭化边脆即可出炉。

4. 质量标准

口感酥松，奶香味重，色泽金黄，形态整齐。

5. 技术要领

牛角包为丹麦类起酥面包，制作面团面筋延伸性不可过高。控制在八成面筋即可。为保证面包质量，面团制作过程中不可发酵，所以要充分冷冻。制作时分割面团要整齐，大小一致。保证制品规格相等。进行发酵时发酵温度不可过高，否则包裹在内部的油脂会融化溢出，影响制品质量。烘烤过程后段要降低烘烤温度长时间烘烤，将面团水分充分烤干，这样的面包才会有酥脆口感。

（七）丹麦吐司

1. 配料

高筋粉 4000 克，低筋粉 1000 克，糖 1000 克，盐 55 克，酵母 60 克，改良剂 20 克，牛奶 300 克，奶油 400 克，牛油至尊 20 克，蛋奶酱 100 克，奶粉 200 克，蛋 10 个，水 1700 克，甜片油 3000 克。

2. 工艺流程

配料→面团搅拌→面团分割→面团冷冻→包酥→开酥→成形→发酵→烘烤。

3. 制作过程

制作过程前段与牛角包相似，从开酥处不同。丹麦吐司开酥过程为“三、三、三”，即先擀开叠三层，再次擀开叠三层，入冰箱冷冻 30 分钟后取出，再擀开后叠三层，再次入冰箱冷冻 20 分钟后取出，切割为宽 1 厘米厚的条。将四条为一组编制成花辫形状，放入方形模具中，在发酵箱以温度 30℃、湿度 70% 发酵至面坯，在模具中八分满时，表面刷蛋液入炉烘烤。烘烤温度上火 170℃、下火 230℃，烘烤 40 分钟出炉。

4. 质量标准

四方形状，奶香味重，层次清晰，口感酥松。

5. 技术要领

（1）开酥要均匀，面团硬度要适当。

（2）成形时编制不可过紧，以免影响制品发酵和发酵之后的形态。

（3）烘烤温度要灵活掌握，吐司类面包由于体形较大、高度较高，所以一般是比较难烤制的制品。

（八）丹麦花篮

1. 原料

高级面包粉 4000 克，低筋面粉 1000 克，酵母 50 克，糖 1100 克，盐 60 克，奶粉 250 克，牛奶 500 克，炼乳 100 克，乳化剂 50 克，黄奶油 500 克，鸡蛋 10 个，水 1800 克，甜片油 3500 克，老面团 1000 克，蓓丝奶酪酱。

辅助用具：小号哈雷纸杯若干个。

2. 工艺流程

配料→面团搅拌→面团分割→面团冷冻→包酥→开酥→成形→醒发→装饰→烘烤→最后装。

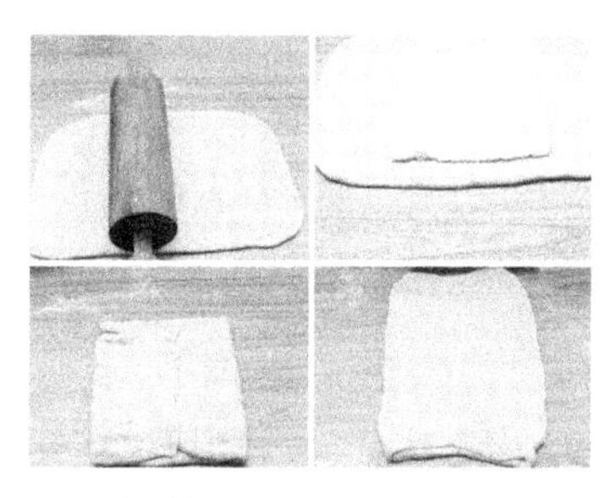

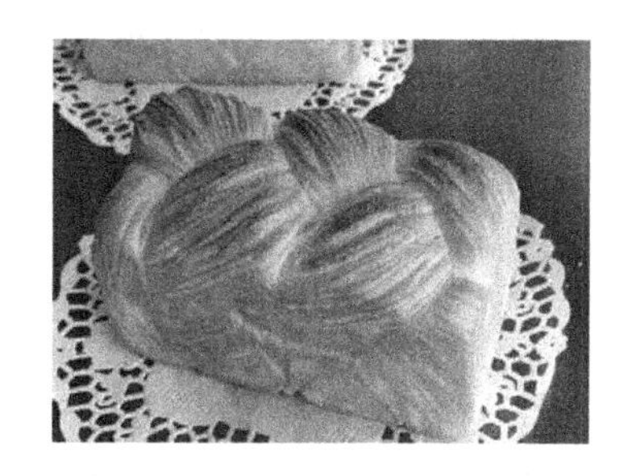

3. 制作过程

（1）将糖、盐、奶粉、水、鸡蛋、乳化剂加入和面机中搅拌均匀，然后将面粉、酵母加入搅拌机慢速搅拌至面团无干粉粒后，加入奶油、老面团，快速搅拌至面团中的面筋达到七成即可。

（2）将和好的面分割成重 1000 克的面团，然后把分好的面团擀成厚度为 1.5 厘米的方形片，后放入冰箱冷冻 30 分钟。

（3）将冷冻完成的面团取出，擀成长 30 厘米的方形片状，取 350 克甜片油稍微擀薄，放在方形面片中间，再将面片四个角向中心包裹，收口捏合，然后将面坯擀长为整齐的长方形，将长方形两端向中心叠制成为一个三层面坯，将此面坯再次擀开为长方形后，继续叠制三层，以此类推，共进行三次擀制与叠压后，即成为起酥面坯。放入冰箱冷冻 30 分钟。

（4）取出擀成厚 0.5 厘米的薄片。用壁纸刀割出（边长 4 厘米的正方形两块，长 5 厘米、宽 1 厘米的长条两条）若干组，每

组组合成一个面包，组合方法为将一块方形面片表面刷水，取另一方形面片中间切割出一直径为 3 厘米的圆形孔洞（切割下的圆形面片可作为其他用处）。将切好的方片放在刷过水的方片之上，然后在圆形孔洞处倒立放置一个哈雷杯。将哈雷杯表面刷油，然后将切好的长条两条交叉放在哈雷杯上，长条两端各与方形片四个角捏合，放入烤盘。

（5）将成形的生坯入发酵箱醒发 60 分钟后取出，表面刷蛋液，入炉烘烤，烘烤温度为上火 210℃、下火 190℃，烘烤 20 分钟左右至成熟即可。

（6）将烘烤好的制品晾凉后，将其中间的哈雷杯用剪刀取出，即成为中心镂空的花篮状面包。将镂空处用裱花袋挤入花蓓丝奶酪酱即可。

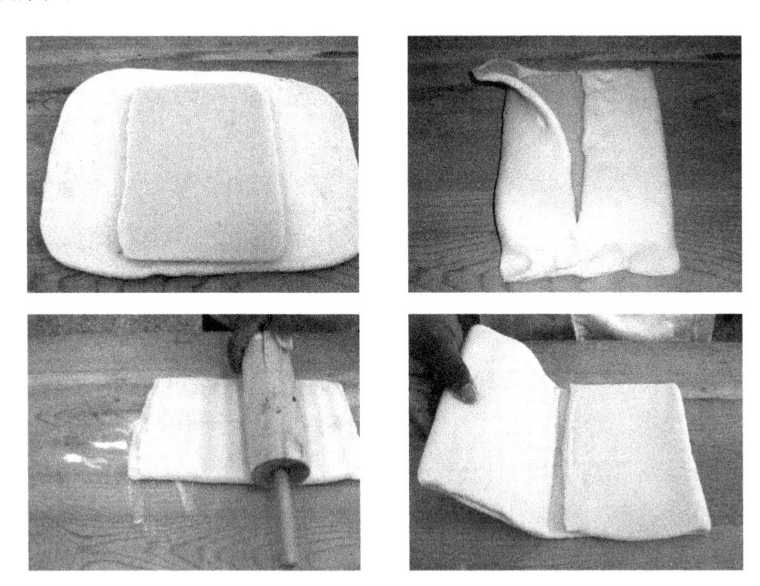

4. 质量标准

色泽金黄、层次清晰、口感酥脆、形态整齐。

5. 技术要领

（1）开酥力度要均匀，开酥时表明不可撒过多干面粉。

（2）切割制品时要整齐，规格一致。

（3）哈雷杯要刷油，否则粘制品，无法取出。

（4）烘烤时间要足够。起酥面包只有把水分充分烤干后，才会有酥松的口感。

（九）丹麦船

1. 原料

高筋面粉 1000 克，低筋面粉 500 克，砂糖 200 克，盐 30 克，酵母 20 克，鸡蛋 100 克，牛奶 300 克，水 520 克，甜片油 800 克，卡仕达吉士粉 200 克，炼乳 100 克。

2. 工艺流程

面团搅拌→面团分割→面团冷冻→包酥→开酥→成形→发酵→装饰→烘烤。

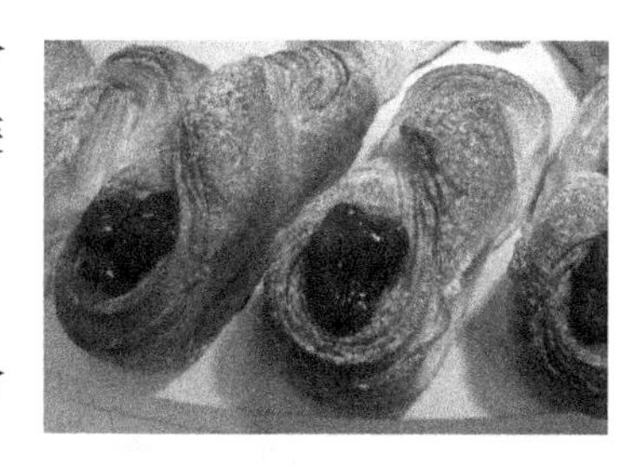

3. 制作过程

（1）卡仕达吉士粉与炼乳混合

加入适量纯净水，搅拌为卡仕达馅料，备用。

（2）将面粉、砂糖、盐、酵母、鸡蛋、牛奶、水加入和面机中，慢速将原料混合后，快速搅拌至面筋达到七成时取出。

（3）将面团擀成片状放入冰箱冷冻。然后包入甜片油进行三、三、二的开酥。开好酥的面坯放入冰箱冷冻30分钟。取出擀为厚度为0.5厘米的方形薄片。切割为边长为5厘米的方形片后，将相对的两边从相对的两端切开，蛋不要切断。然后将两端对折，中间挤入卡仕达酱料。把切开的两条长条互相缠绕，将两头捏和在面坯底部，即成生坯，放入烤盘。

（4）将生坯放入发酵箱发酵90分钟左右。表面刷蛋液入炉，以上火200℃、下火190℃，烘烤20分钟左右成熟即可。

4. 质量标准

层次清晰，形态饱满，馅料软滑，口感酥松。

5. 技术要领

（1）开酥力度要均匀，开酥时表明不可撒过多干面粉。

（2）切割制品时要整齐，规格一致。

（3）烘烤时间要足够。起酥面包只有把水分充分烤干后，才会有酥松的口感。馅料要适当，不可过多，以免溢出。

（十）法棍

1. 原料

高级面包粉5000克，盐80克，酵母60克，水2700克。

2. 工艺流程

配料→老面搅拌→老面发酵→主面团搅拌→面团分割→面团整形→一次发酵→面团整形→二次发酵→面团烘烤。

3. 制作过程

将2000克面包粉加入20克酵母与1000克水搅拌成团，在冷藏环境发酵12小时。将剩下所有原料放入搅拌缸搅拌成团后，加入提前做好的老面，继续搅拌至面团面筋扩展至九成即可。出缸分割成每个200克的面团，充分揉圆排气后放入方盘中，表面盖塑料布后常温发酵1小时。将发酵好的面团取出，用手掌根部砸制为条形面坯，放入法棍专用波浪盘中。将成形的法棍放入发酵箱内，以温度35℃、湿度70%进行发酵。发酵时间大概为70分钟。将发酵完成的面坯取出后晾干。用刀在每个法棍面坯表面割5道，在表面喷水后放入烤箱烘烤。烘烤温度为上火230℃、下火烘烤200℃，烘烤5分钟后降低温度至上火190℃、下火180℃，烘烤20分钟，将炉门半开，烘烤10分钟后出炉即可。

4. 质量标准

外酥内软，麦香味重，色泽棕黄，稍有咸口。

5. 技术要领

（1）要使用冷藏发酵的老面，因为冷藏发酵老面没有酸味。如在常温发酵，老面会产生酸味，影响质量。

（2）要使用二次发酵或更多次发酵法制作，这样可以使制品获得更多的风味与酥脆的口感。

（3）成形要使用砸制手法，不可用擀面杖擀制成形，擀制成形的法棍组织过于密实。

（4）正宗的法棍刀口都为单数，这是成形时需要注意的。

（5）法棍烘烤要经过喷水、高温烘烤、低温烘烤、开门或排风烘烤几个步骤来达到需要的口感。有的烤箱有排风功能，可以不开门。没有此功能的烤箱在最后一步需要将炉门半开，使面包表皮干硬酥脆。

（十一）俄式列巴

1. 原料

高筋面粉4000克，杂粮预拌粉1000克，瓜子250克，核桃250克，地瓜干300克，葡萄干350克，葡萄酒500克，糖700克，盐60克，酵母55克，老面团800克，酸粉120克，燕麦片200克，水2000克，奶油400克。

2. 工艺流程

配料→调制面团→分割→揉圆→一次发酵→成形→二次发酵→烘烤。

3. 制作过程

（1）将葡萄酒、糖、盐、水放入和面机中搅拌均匀后，加入面粉、杂粮预拌粉、酸粉、酵母搅拌至成团阶段，加入奶油搅拌至扩展阶段（八成），加入干果、果脯、燕麦片、老面，搅拌均匀即可。

（2）将面团分割成每个2000克的面团后，揉圆放入刷油的方盘中，常温发酵45分钟，取出以砸制方式制作为橄榄型面坯，放入烤盘以温度35℃、湿度60%发酵60分钟左右。

（3）将发酵好的面包用刀片在表面割开左右两个鸡爪刀纹路，表面用喷壶喷水后入炉烘烤。烘烤温度为上火200℃，下火190℃，烘烤5分钟后降低烘烤温度至上火160℃、下火170℃，

烘烤 50 分钟左右即可成熟。

4. 质量标准

表皮酥脆，略带酸口，果料丰富，形态饱满。

5. 技术要领

（1）一定要使用二次发酵法来制作，以达到表皮酥脆、组织膨松的效果。

（2）使用砸制成形方法，不可用擀面杖擀制。否则面坯内部气体过多，溢出影响质量。

（3）烘烤温度灵活掌握，入炉前表面一定要喷水，否则面包表皮不脆。注意烘烤温度的变换。入炉温度高，待面包表面稍微上色，定形之后将温度降低，面包中心部位不宜烤熟。

（十二）欧式杂粮面包

1. 原料

高筋面粉 4000 克，燕麦片 200 克，可可粉 100 克，核桃碎 200 克，杂粮粉 500 克，糖 700 克，盐 55 克，酵母 55 克，酸粉 60 克，鸡蛋 10 个，奶粉 250 克，黄油 450 克，水 1600 克，葡干 250 克，老面 1000 克。

2. 工艺流程

面团搅拌→面团分割→面团揉圆→面团成形→发酵→面团烘烤。

3. 制作过程

（1）将糖、盐、鸡蛋、水放入和面机中搅拌均匀，加入面粉、杂粮粉、酸粉、奶粉、可可粉、酵母搅拌成团后加入黄油，搅

拌至面团完全扩展，加入燕麦片、核桃碎、葡萄干、老面搅匀即可。

（2）将面团分割成每个300克的面剂。将面剂揉圆后松弛15分钟，然后用卷制的方法将面团制成橄榄形状放入烤盘。

（3）将生坯放入发酵箱发酵90分钟左右。

（4）将发酵好的生坯表面用刀片划三刀，刀口一般深0.5厘米，然后用喷壶在面包表面喷水，撒适量的燕麦片。

（5）将装饰好的生坯入烤箱烘烤，烘烤温度为上火170℃、下火160℃，烘烤30分钟左右即可。

4. 质量标准

外表棕褐，麦香味重，略带酸口，组织松软。

5. 技术要领

（1）面团卷制时要紧密，卷制手法很关键。

（2）烘烤入炉前要喷水、撒燕麦片。喷水作用有三个；一是面包刀口喷水后在烤制时不易合并；二是喷水后燕麦片能结实地粘在面包表面；三是喷水后再烘烤，面包表皮在出炉后是酥脆的。

任务四　快餐面包类

（十三）披萨饼

1. 原料

（1）面坯：高筋面粉400克，低筋面粉100克，糖70克，盐8克，酵母5克，奶油45克，鸡蛋2个，水200克，蒜香粉15克。

（2）披萨酱：西红柿1个，洋葱100克，番茄酱100克，大蒜40克，黑胡椒10克，百里香碎10克，罗勒8克，盐5克，色拉油40克。

（3）装饰馅料：培根肉200克，圆葱碎50克，青豆50克，马苏里拉奶酪100克，沙拉酱50克。

2. 工艺流程

面团搅拌→面团分割→面团揉圆→面团发酵→成形→二次发酵→装饰→烘烤。

3. 制作过程

（1）面团中所有原料搅拌至面筋扩展后分割为每个300克的面团。将面团揉圆后放置在刷过油的方盘中，表面盖塑料布防止干皮。在常温下饧制45分钟左右，待面团饧发至原体积2倍时，用面杖擀制成饼，放入10寸披萨盘中，用滚捶滚扎上眼，做成披萨面坯待用。

（2）将酱料部分的西红柿去皮切碎，锅中加油，放入蒜泥、洋葱、西红柿、番茄酱熬煮至软烂后，加入黑胡椒、百里香碎、罗勒、盐，继续熬煮至融合，香味挥发备用。

（3）炒锅内加少许色拉油后，加入培根肉煸炒至培根肉成熟，肉质吐油后将多余的油脂去掉，培根肉待用。

（4）用刷子将适量的披萨酱涂抹在披萨饼表面，将炒好的培根肉铺满饼面后加入圆葱碎与青豆点缀，发酵 30 分钟左右。在入炉前表面撒马苏里拉芝士丝。放入上火 200℃、下火 190℃烤箱中，烘烤 15 分钟 左右至披萨饼坯完全成熟即可。

4. 质量标准

奶酪味重，馅料丰富，饼皮松软，饼面微咸。

5. 技术要点

（1）饼面发酵要完全，但也不可发酵过度。

（2）馅料铺垫要适度，不可过多，不易熟；也不可过少，容易烤干。

（3）表面奶酪要充足,已达到拉丝效果,饼皮中心薄厚要适当。

（十四）香辣鸡腿汉堡

1. 原料

高筋面粉 5000 克，糖 800 克，盐 65 克，酵母 55 克，奶粉 200 克，奶油 400 克，鸡蛋 10 个，水 2000 克。

馅料：生菜、鸡腿肉、沙拉酱、裹粉、西红柿、鸡蛋各适量。

装饰料：白芝麻适量（装饰用）。

2. 工艺流程

配料→面团搅拌→面团分割→面团揉圆→面坯成形→发酵→面团烘烤→成品装饰。

3. 制作过程

（1）将鸡蛋、水、糖、盐加入搅拌缸内搅拌均匀后，加入面粉、酵母、奶粉、继续搅拌成面团，快速搅拌使面筋扩展。加入奶油搅拌至面筋完全扩展后，取出分割为每个 80 克的面团。将面团揉圆，表面粘脱皮白芝麻后，用手掌将面坯压扁，放入烤盘中入发酵箱饧发 90 分钟。入炉以上火 200℃、下火 190℃烘烤至表面呈棕黄色，面坯完全成熟即可。

（2）将生菜、西红柿洗净备用。鸡腿肉稍加盐入味后加入裹粉中裹粘均匀，入 200℃炸锅炸制成熟备用。鸡蛋磕入圆形模具中，入烤炉以上火 200℃、下火 190℃烘烤成熟备用，然后将汉堡坯子用锯刀从中间剖开。

（3）将汉堡分上、下两部分，将下部表面挤沙拉酱。盖上生菜，再将沙拉酱挤在西红柿与炸好的鸡腿肉上，铺上烤好的鸡蛋，在鸡蛋表面挤沙拉酱，将汉堡上部盖好即成。

4. 质量标准

馅料搭配合理，面坯组织膨松，形态饱满，规格一致。

5. 技术要点

（1）馅料部分菜品要清理干净，鸡蛋一般都是要烤制的，烤制的鸡蛋形态整齐，形状美观。

（2）沙拉酱料用量要适当，不可过多也不可过少。一般汉堡中的酱料以沙拉酱为主，主要作用是多种馅料的黏合和调味。

（3）面坯发酵程度要控制好。发酵过度的面包内部组织较粗，没有咬劲，口感差，发酵过度的面坯也会特别松软，造成汉堡无法托起，馅料容易散落。

（十五）雪条面包

1. 原料

面包粉 5000 克，糖 700 克，盐 45 克，酵母 50 克，蛋清 500 克，白奶油 400 克，奶粉 300 克，水 2300 克，玉米淀粉适量（装饰用）。

馅料：奶酪酱、芒果肉。

2. 工艺流程

配料→面团搅拌→面团分割→面团揉圆→面坯成形→面坯发酵→面坯烘烤→最后装饰。

3. 制作过程

（1）将水、蛋、糖、盐放入和面机中搅拌均匀后，加入粉料充分搅拌均匀至面筋扩展，加入白奶油，继续搅拌至面筋完全扩展。

（2）取出面团分割成每个 150 克的面团，将面团揉圆排气后静置 15 分钟左右，卷制成长度 20 厘米的长条，将整形后的生坯表面刷水，在玉米淀粉中裹粘一下，使玉米淀粉均匀地粘在制品表面，放入烤盘，入发酵箱中发酵 90 分钟左右（发酵的温度为 35℃、湿度为 60%）。

（3）将饧发好的生坯入烤箱，上火 170℃、下火 180℃烘烤成熟即可。烘烤要注意此制品表面要求不可上色，烘烤成熟后表面也是白色的。

（4）将雪条按照长度方向在中间割开，深度为整个雪条高度的 4/5。然后将雪条向两侧扒开，在中间挤入奶酪酱后放入芒果果肉条。

4. 质量标准

面包色泽乳白，质地松软，内部馅料丰富，口味香甜带酸。

5. 技术要点

烘烤温度要灵活掌握。雪条最难的在于烘烤，因为制品既要成熟而表面又不能上色。一般在烘烤时上火温度低些，下火温度应高些，如果有上色趋势，可以将炉门打开，或在雪条表面覆盖防粘布、烘焙纸来阻隔表面温度。

（十六）布袋面包

1. 原料

面包粉 5000 克，糖 500 克，盐 80 克，酵母 50 克，奶粉 200 克，白奶油 400 克，鸡蛋 10 个，水 2000 克，咸片油 2000 克。

馅料：生菜、肉松、方火腿、沙拉酱适量。

2. 工艺流程

配料→面团搅拌→面团分割→揉圆→成形→发酵→烘烤→晾凉→最后成形。

3. 制作方法

（1）将糖、盐、鸡蛋、水加入搅拌钢中搅拌均匀，加入粉料搅拌至面筋扩展，加入白奶油继续搅拌至面筋完全扩展，取出。

（2）将面团分割成每个 200 克的面剂，每个面剂包入 50 克咸片油，将面剂擀成长椭圆形，装入烤盘，入发酵箱中发酵 60 分钟（温度 35℃、湿度 60%），取出。

（3）在发酵好的面饼表面刷水，然后用粉筛把面粉均匀地筛在饼坯表面，入炉烘烤，烘烤温度为上火 170℃、下火 190℃，烘烤至完全成熟即可。烘烤要求饼坯完全成熟，但是表面不可上色。

（4）晾凉的饼坯从中间一分为二，将饼坯中间分层打开，挤入沙拉酱后放入生菜、方火腿片，挤入沙拉酱，然后在火腿片表面撒适量肉松，用裱花袋交叉挤沙拉酱细条作为装饰即可。

4. 质量标准

饼坯组织绵软，有适量层次，内部馅料丰富，形态整齐饱满。

5. 技术要点

布袋面包在包入咸片油时不可过多，以免擀制时溢出。烘烤温度方面要灵活掌握，方法借鉴雪条的烘烤方式。包裹油脂时收口要严实,包裹时收口处不能粘到油脂，以免收口在擀制时裂开。

任务五　重油面包类

（十七）欧式餐包

1. 原料

高筋面粉 5000 克，糖 1000 克，盐 50 克，酵母 65 克，乳化剂 50 克，黄奶油 1000 克，鸡蛋 10 个，奶粉 200 克，水 1300 克，椰子香粉 15 克，老面 1000 克，白芝麻适量。

2. 工艺流程

面团调制→面团分割→面团揉圆→面团成形→面团发酵→装饰→烘烤。

3. 制作过程

（1）将黄奶油加糖，用多功能搅拌机打发备用。

（2）将水、鸡蛋、盐、乳化剂加入和面机后搅拌均匀，加入粉料搅拌成团，加入打发的黄奶油搅拌至融合后，快速搅拌至面筋完全扩展，取出即可。

（3）将面团分割成每个 80 克的面剂，把面剂揉圆，松弛 15 分钟卷制成圆球状放入烤盘中，入发酵箱饧发 90 分钟取出，晾干表面水分后刷蛋液，在表面撒芝麻。

（4）将生坯入炉烘烤，上火 200℃、下火 190℃烘烤至成熟即可。

4. 质量标准

组织均匀，口感松软，奶香味重，色泽金黄。

5. 技术要点

黄奶油与糖要提前打发后再将其与面团混合，否则面团很难将奶油完全包裹。

（十八）重油欧克面包

1. 原料

A：高筋面粉 5000 克，糖 800 克，盐 45 克，酵母 60 克，黄奶油 1000 克，鸡蛋 10 个，奶粉 200 克，水 1500 克，牛油至尊 10 克，老面 1000 克，无花果 1000 克，可可粉 100 克。

B：白奶油 440 克，中筋面粉 1200 克，水 550 克，糖粉 200 克。

2. 工艺流程

面坯制作→面团分割→面团揉圆→面团成形→发酵→造型→烘烤。

3. 制作过程

A 部分：将水、鸡蛋、盐、乳化剂加入和面机后搅拌均匀，加入粉料搅拌成团，加入打发的黄奶油（黄奶油加糖用多功能搅拌机打发备用），搅拌至融合后，再快速搅拌至面筋完全扩展，加入无花果仁搅拌均匀取出即可。将面团分割成每个 200 克的面剂，揉圆后备用。

B 部分：

（1）先将油脂与面粉和糖类放入搅拌器中混合均匀后，在搅拌器转动状态下逐量加水，搅拌至面团具有良好的延伸性时取出，分割成每个 80 克的面剂，揉圆松弛 10 分钟备用。

（2）取 B 料面剂包入 A 料面剂中，收口捏严呈椭圆球状，收口向下放入烤盘中，取刀片在圆球表面割三刀，每刀深度为 1 厘米，摆入烤盘。

（3）将生坯放入发酵箱发酵 90 分钟后取出。

（4）将发酵好的生坯入烤箱烘烤，烘烤温度为上火 170℃、下火 180℃，烘烤完全成熟即可。

4. 质量标准

表皮乳白色，内部呈棕色，形态饱满，内外双色。

5. 技术要点

（1）皮料包裹后收口一定要收严实，不然经过发酵会把面皮部分撑裂。

（2）要掌握好烘烤温度，面包表面为乳白色，不可烘烤上色。

项目四
西饼品种

一、西饼简介

西饼是指来自西方国家的西式点心与糕饼。它是以面粉、油脂、鸡蛋、糖、乳品等为主要原料，辅以各种添加剂，按照特定的工艺制成的，是西餐的重要组成部分，在西方饮食文化中起到举足轻重的作用。西饼包括酥、派、塔、曲奇、饼干、泡芙、果冻、慕斯等。西饼种类很多，但都没有一定的形状、花样和大小，可以机器大量生产，也可任随师傅的创意和技术，以手工制作各种样式新颖的小西饼。

二、西饼的分类

1. 按产品的性质和原料分类

（1）面糊类。以面粉、蛋、糖、油脂、牛奶和化学膨大剂为主要原料，再以产品性质可分为 4 种。①软性小西饼：配方水分含量在面粉的 35% 以上，成品性质较软，与蛋糕相似，多半用汤匙或挤花袋整形。②脆硬性小西饼：配方糖的用量比油脂多，油脂比水多，面团较干硬，一般整形用擀面棍擀平，再用花模压出

形状。由于糖在配方中比例甚大，所以成品较脆硬，如砂糖小西饼 (Sugar Cookies)。③酥硬性小西饼：配方中糖和油脂用量相近，水分较少，面团较干，成品硬，但因油脂多，所以有酥的感觉。此类小西饼无法用挤花或擀压成形，通常先经冷藏使面团变硬，再做成不同形状，如冰箱小西饼 (Ice Box Cookies)。④松酥性小西饼：配方油脂的用量比糖多，糖的用量比水多，在搅拌过程中，油脂可以裹入很多空气，使面团非常松软，所以整形时需用挤花袋，可配合不同花嘴挤出各种花样。此类小西饼质地松酥，如丹麦小西饼 (Danish Cookies)、奶油小西饼 (Butter Cookies)。

（2）乳沫类。以鸡蛋为主要原料，并配以面粉和糖，产品性质较面糊略软。①海绵类 (Sponge Type)：以全蛋或蛋黄为原料，配方与一般海绵蛋糕相似，必须用挤花袋整形，如蛋黄小西饼。②蛋白类 (Meringue Type)：类似天使蛋糕，以蛋白为主要原料，用挤花袋整形，如指形小西饼 (Lady finger)、椰子球 (Coconut Macroon)。

2. 按制作方法分类

（1）挤出成形类 (Drop Type)：此类小西饼面糊较稀，必须以挤花袋来整形，如软性、松酥性和乳沫类的小西饼。

（2）推压成形类 (Press Type)：此类小西饼面团较硬，整形必须用机器或手工压成各种花样，如脆硬性小西饼。

（3）线切成形类 (Wire-cut Type)：利用机器成形，面团由漏斗中挤出，机器附有钢丝将面团切成片状，再掉到烤盘上，表面留下线切花纹，酥硬性小西饼多属此类。

（4）条状或块状成形类 (Baror Brownie)：将搅拌好的面团揉成一长条，直接放在平烤盘上，或烤成一平盘后，再切成小块，

其性质介于脆硬性和酥硬性小西饼之间，可装饰成像蛋糕似的，如桂圆核桃糕。

三、混酥面团的酥松原理

混酥面团的酥松主要是由面团中的面粉和油脂等原料的性质所决定的。油脂本身是一种胶性物质，并具有一定的黏性和表面张力。当油脂与面粉有机地结合时，面粉的颗粒被油脂包围，并牢牢地与油脂黏结在一起，使面粉颗粒间形成一层油脂膜。这层油脂膜紧紧依附在面粉颗粒的表面，使面坯中的面粉蛋白质不能吸水形成面筋网络，所以这种面坯较其他面坯松散，没有黏度和筋力。随着搅拌或手工搓擦的不断进行，面粉颗粒与颗粒之间的距离加大，空隙中充满了空气，当面坯被烘烤时，空气受热膨胀，制品由此产生酥松性。这类面坯油脂比例越高，酥松性越强。

四、饼干的成形方法

（1）挤制法（又称一次成形法）。

（2）切割法（又称二次成形法）。

（3）花戳法。

（4）复合法。

五、油脂搅拌在四个阶段

（1）拌匀阶段：黄色，糖粉与油脂均匀细腻。

（2）稍发阶段:浅黄色,油脂状态略膨松,用手能带出小融尖,不太长。

（3）松发阶段：乳黄色，油脂状态膨松状，用手能带出稍长小融尖，触摸非常柔软。

（4）充分松发阶段：乳白色，油脂状态比较膨松，用手碰感

觉非常膨松，里面充满空气。

任务一　曲奇类

（一）菊花奶油曲奇

1. 原料

酥油 450g，糖粉 225g，鸡蛋 2 ～ 3 个，高筋粉 300g，低筋粉 300g，奶香粉 5g。

2. 工艺流程

酥油、糖粉→鸡蛋→面粉→成形→成熟。

3. 制作过程

（1）将酥油、过筛糖粉，一起加入搅拌缸，用桨状拌打器慢速搅打 1 分钟，改用快速打至松发（约 7 ～ 8 分钟）。

（2）分次加入鸡蛋搅匀，约 2 分钟。

（3）加入过筛的粉类，慢速搅拌至无干粉时用中速搅 1 分钟，拌至无面粉颗粒即可。

（4）装入布裱花袋，用菊花嘴在铺有防粘布的烤盘上，挤成直径 1 ～ 3 厘米的圆饼，间隔 2 厘米。

（5）入炉烘烤：上火 180 ℃、下火 150 ～ 160 ℃，时间 10 ～ 15 分钟。烤至底色、面色呈金黄色。

4. 质量标准

色泽金黄、口味香甜、酥松，形态美观、规格一致。

5. 技术要点

（1）油、糖打发要适度。若打发不足，产品表面有颗粒，易断裂，

面团较硬，不易成形；若打发过度，产品易掉渣、易碎、纹路不清晰，易扁平。

（2）鸡蛋不可加得过快。过快时，油、水分离，产品口感较硬，表面有裂纹。

（3）面粉加入后搅拌时间不宜过长，防止产生面筋，成品易断裂。

（4）挤曲奇时用力要匀，动作连续。

（5）每盘规格要一致，大小、厚薄均匀。

（6）注意烘烤温度不可过高，以免表面焦糊、中心部位不熟。

（二）巧克力曲奇

1. 原料

酥油400克，糖粉300克，鸡蛋1个，可可粉30克，低筋粉660克，白兰地15克。

2. 工艺流程

酥油、糖粉→鸡蛋、白兰地→过筛的粉类→成形→成熟。

3. 制作过程

（1）将酥油、过筛粉类，一起加入搅拌缸，用桨状拌打器慢速搅打1分钟，改用快速打至松发（约7～8分钟）。

（2）分次加入鸡蛋、白兰地搅匀，约2分钟。

（3）加入过筛的粉类，慢速搅拌至无干粉时用中速搅1分钟，拌至无面粉颗粒即可。

（4）装入布裱花袋，用菊花嘴在铺有防粘布的烤盘上，挤成心形或长条形（5～6厘米）。

（5）入炉烘烤：上火 180 ℃、下火 150 ～ 160 ℃，时间 10 ～ 15 分钟。烤至底色、面色呈金黄色。

4. 质量标准

形态美观，规格一致，口感酥松，有可可香味。

5. 技术要点

（1）油、糖打发要适度。若打发不足，产品表面有颗粒，易断裂，面团较硬，不易成形；若打发过度，产品易掉渣、易碎、纹路不清晰、易扁平。

（2）鸡蛋不可加得过快。过快时，油、水分离，产品口感较硬，表面有裂纹。

（3）面粉加入后搅拌时间不宜过长。防止产生面筋，成品易断裂。

（4）挤曲奇时用力要匀，动作连续。

（5）每盘规格要一致，大小、厚薄均匀。

（三）腰果西饼

1. 原料

酥油 400 克，糖粉 300 克，盐 4 克，蛋 100 克，低筋粉 600 克，蛋香粉 5 克。

2. 工艺流程

酥油加糖粉、盐拌匀至微发→中速加入鸡蛋→加入粉料→整形→冷冻→切割→装盘→烘烤。

3. 制作过程

（1）将糖粉、奶油、盐放入搅拌器

内搅拌均匀。

（2）微微起发后用中速搅拌，分次加入鸡蛋搅拌至均匀。

（3）加入粉料，慢速搅拌成面团，整理成长 6 厘米、宽 4 厘米的长方形条后，用保鲜膜包严放入冰箱冷冻 1 小时。

（4）冻硬后取出用刀切割成厚 0.5 厘米的片。码放入烤盘进行烘烤。烘烤温度为上火 160℃、下火 150℃。

4. 质量标准

色泽浅黄，口味香酥，腰果香味浓郁，规格一致。

5. 技术要点

（1）酥油与糖搅拌时不可过快。

（2）冷冻之前形状要修整得方正、整齐。

（3）切割时要薄厚一致。

（四）芝麻瓦片

1. 原料

酥油 300 克，糖 500 克，水 188 克，白芝麻 325 克，低筋粉 300 克，吉士粉 10 克。

2. 工艺流程

酥油加热融化→加入糖与水搅拌乳化→加入粉料搅拌均匀→加入芝麻搅拌均匀→装入挤袋→成形→烘烤。

3. 制作过程

（1）酥油加热融化后加入糖与水，搅拌至融合后加入面粉、吉士粉搅拌均匀。

（2）再加入白芝麻搅拌均匀即可。

（3）将坯料加入挤袋中，在烤盘上挤出直径为2.5厘米的小圆球。进炉烘烤至成熟。烘烤温度为上火210℃、下火170℃。

4. 质量标准

色泽棕红，口味香酥，芝麻香味浓郁，规格一致。

5. 技术要点

（1）挤制时要大小一致。

（2）烘烤不可过火，否则不易出盘。

（3）不能凉透再出盘，要在尚有余温时从烤盘拣出，否则容意碎裂。

（五）花生小点

1. 用料

蛋清700克，糖400克，盐5克，塔塔粉10克，吉士粉60克，可可粉55克，花生碎1500克，色拉油50克，黄油50克。

2. 工艺流程

配料→面团调制→成形→烘烤→完成。

3. 制作过程

（1）将蛋清、糖、盐塔塔粉搅拌至微发后，加入吉士粉与可可粉搅拌均匀。

（2）将花生碎加入到搅拌均匀的蛋浆中，用刮刀抄板均匀后慢速加入色拉油，与融化的黄油搅拌至均匀后待用。

（3）将搅拌好的面浆加入裱花袋中，在烤盘上均匀地挤出直径为2厘米的小圆饼。

（4）入炉烘烤，上火210℃，下火190℃，烘烤至表面微微上色，制品完全成熟即可。

4. 质量标准

花生味浓，口感酥脆，形态呈圆形，大小一致。

5. 技术要点

（1）蛋白与糖等原料不用搅拌过发，只要微微发起，蛋液呈白色即可。

（2）原料要充分混合均匀后再制作。

（3）花生碎要提前用烤炉烘烤至干相，但是不能上色。

（六）姜饼（姜饼屋）

1. 用料

黄油 90 克，红糖 200 克，蜂蜜 240 克，牛奶 90 克，姜粉 5 克，低筋面粉 700 克，糖霜适量（装饰用）。

2. 工艺流程

配料→面团调制→成形→烘烤→拼装→完成。

3. 制作过程

（1）将所有原料放入面窝中搅拌均匀，揉擦成面团。将面团用塑料袋包裹饧发 30 分钟。

（2）将饧好的面分割为适当大小，擀成厚度为 0.3 厘米的面片，用刀具或模具刻压出需要的形状。以上火 180 ℃、下火 160 ℃，烘烤至面坯成熟微微上色即可。

（3）取出糖霜装入裱花袋中，取烤好的姜饼用裱花袋中的糖霜为黏结物进行拼装，粘连成形即可。

4. 质量标准

形态美观，造型多样，味道独特，创意性强。

5. 技术要点

（1）面团要充分饧制后再制作。

（2）擀压面片要厚度一致。

（3）事先要将需要割制的饼干形状绘制成纸板，按照纸板对饼干面坯进行切割。

任务二　泡芙、清酥类

一、泡芙

泡芙是英文 Cream Puff 的译音，又名气鼓、哈斗，是以水或牛奶加黄油煮沸后烫制面粉，搅入鸡蛋，通过挤糊、烘烤或炸制、填馅料等工艺而制成的一类点心制品。

二、泡芙特性

泡芙是常见的西式甜点之一，是用烫制面团制成的一类点心，它具有外表松脆、色泽金黄、形状美观、食用方便、品味可口的特点。根据所用馅心的不同，它的口味和特点也各不相同，常见的口味品种有鲜奶泡芙、香草水果泡芙、巧克力泡芙、日式泡芙等。

泡芙面糊是由液体原料、油脂、烫面粉加入鸡蛋制成的。它的起发主要是由面糊中各种工艺方法——烫制面团决定的。

三、清酥点心简介

清酥点心，又称起酥类制品（国外又称帕夫酥皮点心，简称帕夫点心），有时又称丹麦酥，是传统西式点心。这类点心以独特的酥层结构在西点园地中别具一格。

清酥面团是由水调面团包裹油脂，再经反复擀制折叠，形成一层面与一层油交替排列的多层结构，最多可达一千多层。成品体轻、分层、酥脆而爽口。

四、清酥分层原理

由于面层中的水分在烘烤中因受热而产生蒸汽，蒸汽产生的压力迫使层与层分开。同时，面层之间的油脂像“绝缘体”一样将面层隔开，防止了面层的相互粘结。在烘烤中，熔化的油脂被面层吸收，而且高温的油脂亦作为传热介质烹制了面层并使其酥脆。

五、清酥制品原料选择原则

1. 面粉

清酥点心宜采用蛋白质含量为10%～12%的中强筋面粉。因为筋力较强的面团不仅能经受住擀制中的反复拉伸，而且其中的蛋白质具有较高的水合能力，吸水后的蛋白质在烘烤时能产生足够的蒸汽，从而有利于分层。此外，呈扩展状态的面筋网络是清酥点心多层薄层结构的基础。但是，筋力太强的面粉可能导致面层碎裂，制品回缩变形。如无合适的中强筋面粉，可在强筋粉中加入部分中筋面粉，以达到制品对面粉筋度的要求。

2. 油脂

皮面（即面层）中加入适量油脂可以改善面团的操作性能及

增加成品的酥性。面层油脂可用奶油、麦淇淋、起酥油或其他固体动物油脂。油层油脂则要求既有一定硬度，又有一定可塑性，熔点不能太低。这样，油脂在操作中才能反复擀制、折叠，又不至于熔化。

传统清酥点心使用的油层油脂是奶油或麦琪淋（现在已经普遍采用专用的“片状起酥油”了）。奶油虽能得到高质量的成品，但其可塑性和熔点较低，操作不易掌握，特别是夏天，油脂熔化容易产生“走油”现象。所以，现在制作清酥类制品时都已采用专用的麦淇淋——片状起酥油，它具有良好的加工性能，给清酥类点心的制作带来了极大的方便。

六、清酥制作工艺

皮面（面团）的调制→包油→擀开、折叠→擀开折叠（反复多次）→成形（造型）→烘烤→装饰→成品。

1. 面团的调制

调制方法同其他水调面团基本相同，可用手工，也可用机器。

1）手工

先将配方中的面粉倒在案台上，加入黄油(切成小颗粒状)于面粉内并拌和均匀，然后再将配方中的清水加入混合，并揉成面团即可。注意：面团的软硬度与所要包裹的片状起酥油的软硬度保持一致，软硬度用清水来调节。

2）机器

将面粉、黄油、清水一起倒入搅拌机内搅拌成面团即可。注意：面团的软硬度也要与所要包裹的片状起酥油的软硬度保持一致，软硬度用清水来调节。

2. 包油的方法

包油的方法有两种，即制法一(法式包油法)，制法二(英式

包油法、对折法）。下面分别加以介绍。

1）制法一（法式包油法）

（1）先将调制好的皮面面团稍稍擀成正方形，四个角擀薄一些。

（2）再将片状起酥油擀成比皮面面团稍小的正方形，对角线与皮面面团正方形相等。

（3）然后将片状起酥放在皮面面团上，四个顶点正好位于皮面面团的四个边上，再将皮面面团的四个角往中心折拢，并完全包住油脂，最后形成两层面一层油的三层结构。

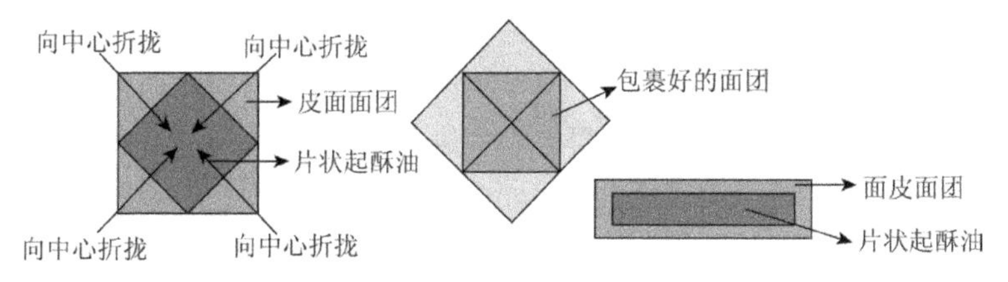

2）制法二（英式包油法、对折法）

先将皮面面团擀成长方形，经擀制或整形的片状起酥油大小约为皮面面团的一半，然后将片状起酥油放在皮面面团上面的一半位置上，再像包饺子一样，将皮面面团以对折的方式把片状起酥油完全包住，最后将边缘捏拢即可。

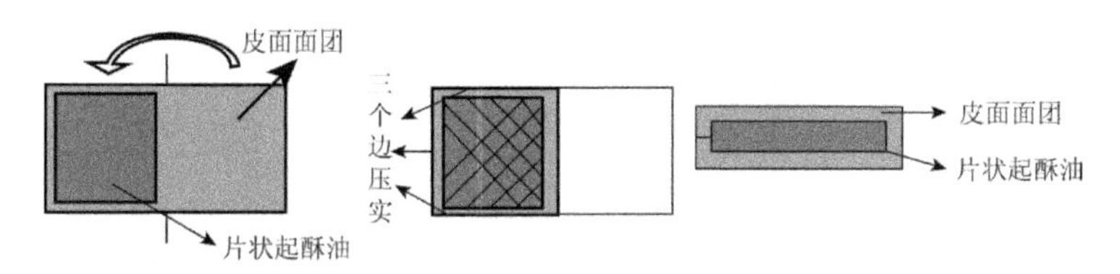

3. 折叠的方法

皮面面团包好油脂后，将其擀成长方形，再进行折叠。折叠的方式又有两种。

1）制法一（半折法、三折法）

半折法是一种三折法。其折叠的方法类似于英式包油法，即将长方形面团沿长边方向分为三等份，两端的两部分分别往中间折叠，折成小长方形的方形面团，其宽度为原来的 1/3，呈三折状。

折叠1 折叠2

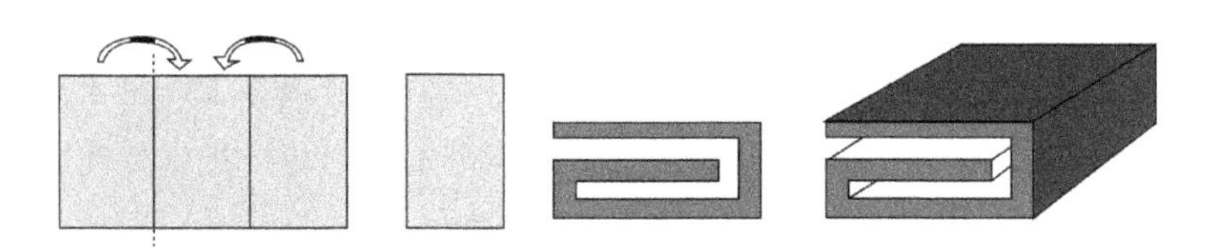

2）制法二（书折法、四折法）

书折法可看作四折法。其折叠的方法类似于叠被子，即将长方形面团沿长边方向分为四等份，两端的两部分均往中间折叠，折至中线外，再沿中线折叠一次，最后折成为小长方形面团，其宽度为原来的 1/4，呈四折状。

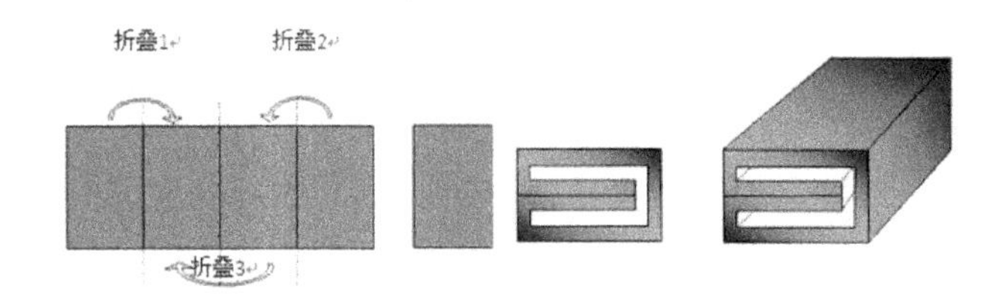

折叠与温度关系		
环境温度	折叠次数	面团温度
15 ～ 18℃	3×3×4	23 ～ 24℃
20 ～ 25℃	3×4	20 ～ 22℃
26 ～ 28℃	3×3×3	15 ～ 18℃
29 ～ 35℃	3×3	0 ～ 5℃

以上两种方法均是将包好油脂的面团擀开后再折叠，作为第

一轮（次）；然后再沿长边方向擀开、折叠，则为第二轮（次）。依此类推，一般共需要经过三至五轮（次）（半折法五轮次，书折法四轮次）的折叠、擀制，最后才擀开成形（造型）。

4. 整形操作

（1）油层油脂的硬度与皮面面团的硬度应尽量一致。如果面硬油软，油可能被挤出，反之亦然。最终均会影响到制品的分层。

（2）面团在每两次擀制折叠之间应停放（静置）20 分钟左右，以利于面层在拉伸后的放松，防止制品最后收缩变形，并保持层与层之间的分离。成形后的制品在烘烤前亦应停放约 20 分钟。

（3）每次在擀开面团时，不要擀得太薄（厚度不低于 5 毫米），以防止层与层之间粘结。成形时，面团最后擀制成的厚度以 3 毫米左右为宜（视产品品种而定）。

（4）擀制、折叠好的面团在休息（静置）或过夜保存时应放入塑料袋中，以防止表皮发干。

5. 烘烤

（1）烘焙前，制品表面可用蛋液涂刷，使其烘烤后光亮上色。

（2）清酥点心的烘烤宜采用较高的炉温（约 220 ～ 230 ℃）。高温下面层能很快产生足够的蒸汽，有利于酥层的形成和制品的胀发。

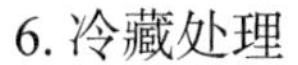

6. 冷藏处理

成形前的阶段为清酥面团调制阶段。擀制、折叠好的面团在休息（静置）或过夜保存时应放入塑料袋中，以防止表皮发干。

调制好的清酥面团即可进入成形工序，也可作为半成品在低温下保存，需要用的时候，只需解冻即可擀制成形。

7. 装饰

清酥点心的装饰多种多样，可根据品种的需要选择不同的原料进行适当装饰。

七、派、塔的简介

派——英文 Pie 的译音，又称攀、排、批等，是一种圆形馅饼，以油酥面做皮，口味有甜、咸两种，从外形看有单皮派和双皮派。一般每只可供 8 ～ 10 人食用，如苹果派、柠檬派等。现也有供一人食用的小型派，一般用于快餐。派多以水果为馅料或作为装饰，派皮为酥性面团，中间加水果或吉士馅料。规格大多为多人食用，如苹果派、草莓派等。派外酥内润、果味浓郁。

塔——英文 Tart 的译音，又称挞，它是以油酥面做皮，借助模具成形，经烘烤、填馅、装饰等工艺制作的一种小点心。形状因模具不同而异，有圆形、船形、梅花形等，如鲜果塔等。塔多以小型模具成形，塔皮作为底坯，在坯内灌注馅料加以烘烤而成形，如蛋塔、椰塔等。塔口感滑腻、奶香味十足。

（一）奶油泡芙

1. 原料

高筋面粉 250 克，酥油 125 克，鸡蛋 350 克，水 250 克，鲜奶油适量。

2. 工艺流程

酥油、水→面粉→鸡蛋→成形→成熟→挤奶油。

3. 制作过程

（1）将酥油、水放入锅中加热至沸腾或酥油完全熔化。

（2）慢慢加入过筛的面粉，用手抽顺一个方向边加边搅，快速搅拌至面粉完全烫熟，无颗粒，离火。

（3）将面团放入搅拌缸，用桨状拌打器慢速搅拌至面团冷却至常温（自然冷却也可）。

（4）分次加入鸡蛋，中速搅拌约 1 分钟（11 ～ 12 厘米）。

（5）面糊装入菊花嘴裱花袋中，在铺有防粘布的烤盘上，挤成直径为 2 ～ 3 厘米的菊花形圆饼，间隔 3 ～ 4 厘米。

（6）烘烤：上火 200 ～ 220 ℃、下火 180 ～ 190 ℃，时间 15 ～ 20 分钟。

（7）熟后冷却，用泡芙花嘴装入打发的鲜奶油，扎入泡芙底部挤入奶油，拔出花嘴即可。

4. 质量标准

外表松脆，色泽金黄，形状美观，鲜香浓郁。

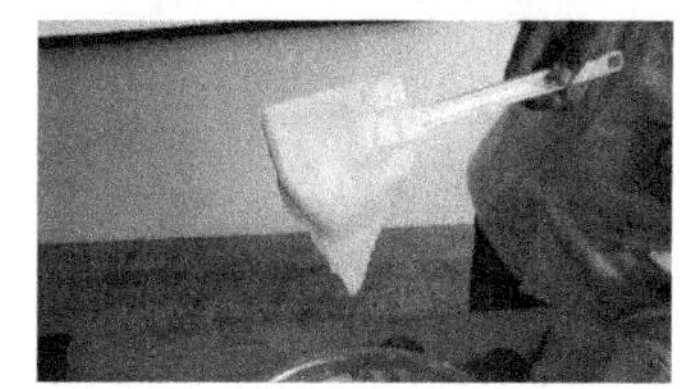

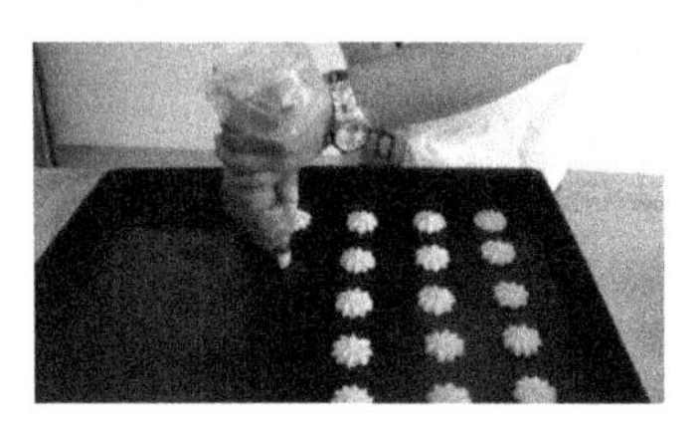

5. 技术要点

（1）酥油必须完全熔化。

（2）调制面糊时，要注意使面粉完全烫熟、烫透，否则加入鸡蛋时会产生面筋，影响产品膨胀，还要防止煳锅底。

（3）面糊的软硬程度也会影响产品的形状。若过软，产品扁平；若过硬，产品内空隙会小。

（4）产品入炉后，前10分钟内禁止打开炉门，否则产品易收缩、扁平。

（二）天鹅泡芙

1. 原料

高筋面粉250克，酥油125克，鸡蛋350克，水250克，鲜奶油适量。

2. 工艺流程

酥油、水→面粉→鸡蛋→成形→成熟→挤奶油。

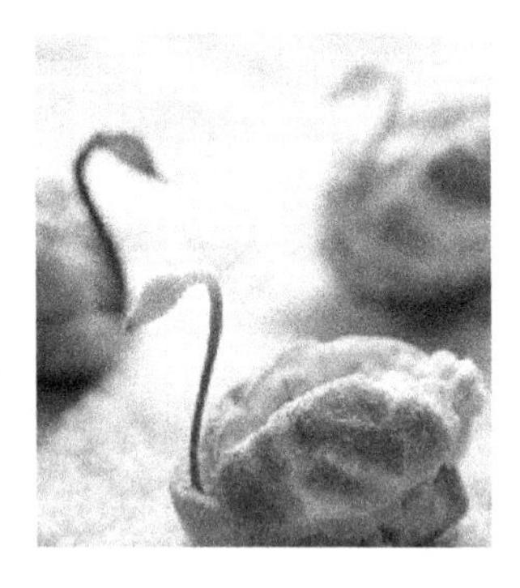

3. 制作过程

（1）将酥油、水放入锅中，加热至沸腾或酥油完全熔化。

（2）慢慢加入过筛的面粉，用手抽顺一个方向边加边搅，快速搅拌至面粉完全烫熟、无颗粒，离火。

（3）将面团放入搅拌缸，用桨状拌打器慢速搅拌至面团冷却至常温（自然冷却也可）。

（4）分次加入鸡蛋，中速搅匀约1分钟（11～12厘米）。

（5）面糊装入菊花嘴裱花袋中，在铺有防粘布的烤盘上，挤出直径为2～3厘米的菊花形圆饼，间隔3～4厘米。

（6）用32号圆花嘴挤成水滴形，做天鹅身体，挤成7形，做天蛾的头和脖子。

（7）烘拷：天鹅身体，上火200～220℃、下火180～190℃，时间15～20分钟。鹅头烤6～7分钟。

（8）冷却后，将身体用锯齿刀从中间剖开，在底部用菊花嘴挤满打发后的鲜奶油，把上部分泡芙从中间切开，分别插在奶油的两侧做翅膀，把鹅头插在奶油上即可。

4. 质量标准

外表松脆、色泽金黄、鲜香浓郁，形状美观似天鹅。

5. 注意事项

（1）酥油必须完全熔化。

（2）调制面糊时，要注意使面粉完全烫熟、烫透，否则加入鸡蛋时会产生面筋，影响产品膨胀，还要防止煳锅底。

（3）面糊的软硬程度也会影响产品的形状。若过软，产品扁平；若过硬，产品内空隙会小。

（4）产品入炉后，前10分钟内禁止打开炉门，否则产品易收缩、扁平。

（三）椰子清酥条

1. 原料：

A：中筋面粉1200克，水550克，奶油400克，糖200克。

B：低筋面粉1000克，奶油500克。

C：花生、鸡蛋清、糖粉适量。

2. 工艺流程

调制面皮→包酥→开酥→冷冻→成形→成熟。

3. 制作过程

（1）面粉过筛，做成粉墙，将砂糖、盐、水加入中间，用手混合匀，加入一半面粉调成糊状，搅打出面筋，加入酥油，混合均匀，然后将剩余的面粉混合，揉擦成团，用保鲜膜包好放入冷冻 20 分钟。

（2）将面团擀成片状酥油 2 倍大的长方形，中间放入片状酥油，四周的面团向中间折叠，包住油脂。

（3）擀开成长方形的片，长：宽 =3 ：1，厚 0.3 厘米，用刀切去封口处，四折三次，每次需用保鲜膜封住，冷藏松弛 15 ～ 20 分钟。

（4）将松弛好的面团擀成厚 0.3 ～ 0.4 厘米的长方形，裁成长 6 ～ 8 厘米，宽 2.5 厘米的长方形，喷水，粘挪蓉，拧两下，码入烤盘。

（5）烘烤：上火 200℃、下火 180℃，时间 15 ～ 20 分钟。

4. 质量标准

浅黄色，外形整齐、美观，层次清晰、入口香酥、有淡淡的椒香味。

5. 技术要点

（1）包入的油脂应与面团的软硬度一致。

（2）擀制面坯时，用力要一致，面坯薄厚要均匀。

（3）每次擀叠时，干面粉的使用量不可过多。

（4）成形时用锋利的刀子。

（5）烘烤时前 10 分钟内不能打开炉门，否则影响膨胀。

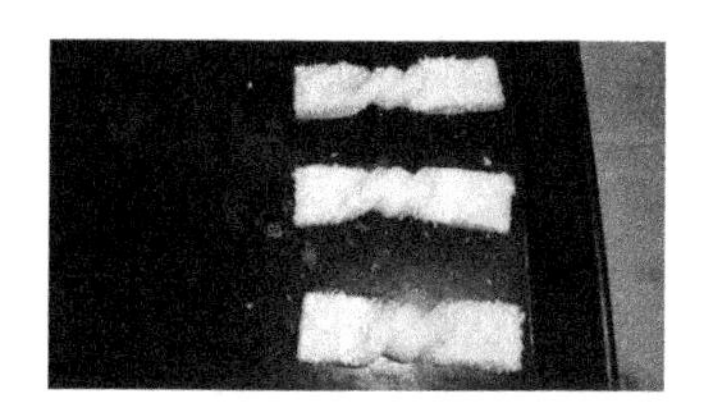

（四）水果派

1. 原料

中筋面粉 1000 克，水 550 克，糖 100 克，油 80 克，鸡蛋 2 个，甜片油 800 克。

2. 工艺流程

调制面皮→包酥→开酥→冷冻→成形→成熟。

3. 制作过程

（1）面粉过筛，做成粉墙，将砂糖、盐、水放入中间，用手混合匀，加入一半面粉调成糊状，搅打出面筋，加入酥油，混合均匀，然后将剩余的面粉混合，揉擦成团，用保鲜膜包好，放入冷冻 20 分钟。

（2）将面团擀成片状酥油 2 倍大的长方形，中间放入片状酥油，四周的面团向中间折叠，包住油脂。

（3）擀开成长方形的片，长：宽 =3 ：1，厚 0.3 厘米，用刀切去封口处，四折三次，每次需用保鲜膜封住，冷藏松弛 15 ～ 20 分钟。

（4）取酥皮（即开好酥的清酥皮料），将酥皮擀至厚度为 0.5 厘米后，按照模具大小切成圆形，放入模具中，将馅料加入皮料上。

（5）烘烤：上火 200℃、下火 170℃，烘烤 25 分钟。

4. 质量标准

浅黄色，外形美观，层次清晰，入口香酥，有水果香味。

5. 技术要点

（1）包入的油脂应与面团的软硬度一致。

（2）擀制面坯时，用力要一致，面坯薄厚要均匀。

（3）每次擀叠时，干面粉的使用量不可过多。

（4）成形时用锋利的刀子。

（5）烘烤时前 10 分钟内不能打开炉门，否则影响膨胀。

（五）蝴蝶酥

1. 原料

A: 中筋面粉 1200 克，糖粉 200 克，水 550 克，黄奶油 400 克。

B：低筋面粉 500 克，酥油 500 克。

C: 细砂糖适量，熔化黄奶油适量。

2. 工艺流程

A 料调制→A 团冷冻→B 团调制→B 团冷冻→包酥→开酥→成形→烘烤。

3. 制作过程

（1）将中筋面粉放入搅拌器中，加入糖粉与黄奶油，用钩状搅拌器搅拌均匀后，逐渐加入 550 克水调和成面团，快速搅拌至面团面筋完全扩展后，取出待用。

（2）将 B 料部分充分揉擦均匀后放入方盘中铺平，成为一块长方形油酥，然后放入冰箱冷冻。

（3）两块面团冷冻到适当硬度时取出进行包酥。包酥方法参

考书中法式包酥法。

（4）将包好酥的面坯进行三折三次擀制，然后擀开成厚度为0.3厘米的长方形薄片。

（5）将薄片表面刷一次黄奶油，然后撒一层细砂糖，从方形薄片上下两端向中间卷起成为一个长条状面团。将条状面坯整理好形状后，放入冰箱冷冻至硬实。

（6）将冷冻好的面坯取出，用锋利的刀具将面坯切割成厚度为0.5厘米的薄片，摆放入烤盘进行烘烤，烘烤温度为上火200℃、下火180℃，大概需要烘烤20分钟。

4. 质量标准

外形美观、色泽金黄、入口酥脆、味道清香。

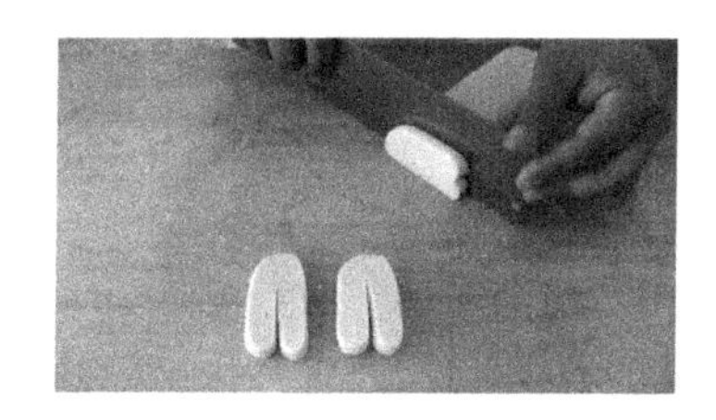

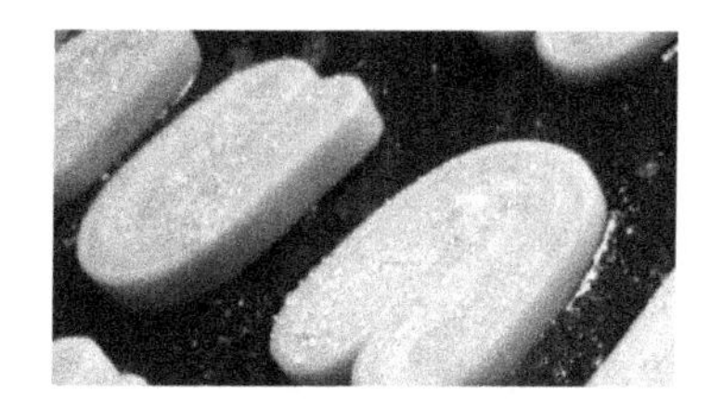

5. 技术要点

（1）面团冷冻要适当，两块面团的硬度要一致。

（2）烘烤要适度。烘烤不足，制品不酥脆；烘烤过度，色泽不美观。

（3）切割前要冷冻，以免切割时造成形状变化。

（六）法式榴莲酥

1. 用料

A：高筋面粉400克，低筋面粉600克，糖粉100克，鸡蛋2个，奶油200克，水350克，吉士粉100克。

B：低筋面粉 300 克，酥油 400 克，奶粉 50 克。

C：榴莲果肉适量，奶酪酱适量。

2. 工艺流程

A 团调制→A 团冷冻→B 团调制→B 团冷冻→包酥→开酥→成形→烘烤。

3. 制作过程

（1）将 A 团调制完成，擀成长方形后进行冷冻。

（2）将 B 团调制完成后整合为长方形片状进行冷冻。

（3）将冷冻好的面团进行包酥。包酥方法参照书中法式包酥法。

（4）将包好酥的面团进行三折三次开酥。

（5）开好酥的面坯擀成厚度为 1 厘米的厚片，将厚面坯表面刷水后对折放入冰箱中冷冻硬实。

（6）将冷冻硬实的面坯取出，用锋利的刀具切成厚度为 0.3 厘米的长条。

（7）四条长条为一组，编制为四股花篮坯。

（8）将编好的面坯切割为 5 厘米一段的面片。挤适量的奶酪酱。在奶酪酱上放适量的榴莲果肉，然后将面坯从四周向中间合拢包捏为圆球状。

（9）将包好的面坯放在耐烘烤纸杯中，以上火 200℃、下火 180℃烘烤 20 分钟左右即可成熟。

4. 质量标准

外形饱满、色泽金黄、外皮酥脆、味道浓郁。

5. 技术要点

（1）开酥力度要均匀，面团切割前要冻硬实。

（2）包馅过程手要轻，不可破坏表面层次。

（3）烘烤时间和火候要适当。烘烤不足，制品不酥脆；烘烤过久，表面颜色过深，影响制品品质。

任务三　慕斯、果冻类

一、慕斯、果冻简介

果冻、慕斯是西点中的冷冻甜点品种，口感清爽软滑，是老少皆宜的夏令食品。果冻、慕斯都是因凝胶剂的作用凝固而成的，再配上白糖、水、香料、色素、奶品等原料，利用不同形状的模具，制成形态各异、口味各异的成品。

慕斯的英文是 Mousse，是一种奶冻式的甜点，可以直接吃或做蛋糕夹层。通常是加入 Cream 与凝胶剂来造成浓稠冻状的效果。慕斯是从法语音译过来的。慕斯蛋糕最早出现在美食之都法国巴黎，最初大师们在奶油中加入起稳定作用和改善结构、口感和风味的各种辅料，使之外形、色泽、结构、口味变化丰富，更加自然纯正，冷冻后食用，其味无穷，成为蛋糕中的极品。它的出现符合人们追求精致时尚、崇尚自然健康的生活理念，满足人们不断对蛋糕提出的新要求，慕斯蛋糕也给大师们一个更大的创造空间，大师们通过慕斯蛋糕的制作展示他们内心的生活悟性和艺术灵感。

二、食用凝胶剂

能够使溶液形成凝胶的物质称为凝胶剂，也称增稠剂或胶冻

剂。西点食品中常用的有琼脂、果胶、吉利丁片、果冻粉、慕斯粉等。

1. 吉利丁

吉利丁又称明胶或鱼胶，从英文名Gelatin音译而来。它是从动物的骨头（多为牛骨或鱼骨）中提炼出来的胶质，主要成分为蛋白质。吉利丁片或吉利丁粉广泛用于慕斯蛋糕的制作。主要起稳定结构的作用。

2. 果冻粉

果冻粉是一种做果冻的材料。一般是琼脂鱼胶粉（吉利粉）或者明胶加上香精和糖做成的，可以直接做果冻。

3. 慕斯粉

慕斯粉是使用天然水果或酸奶、咖啡、坚果的浓缩粉和颗粒、增稠剂、乳化剂、天然香料等制成的粉状或带有颗粒的半制品原料。可用于制作蛋糕、泡夫和甜品，主要用于制作各式慕斯蛋糕。

（一）草莓牛奶慕斯

1. 原料

（1）黄奶油250克，牛奶250克，炼乳50克。

（2）蛋黄8个。

（3）吉利丁片20克。

（4）鲜奶油1000克。

（5）鲜草莓300克。

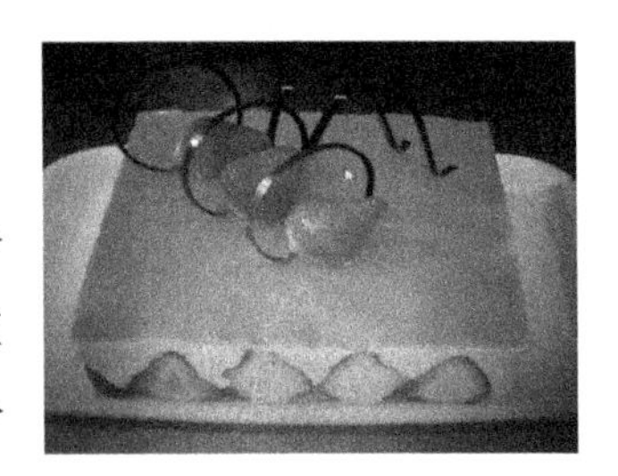

2. 工艺流程

原料准备→隔水加热[（1）料]→冷却加入[（2）料]→加入[浸泡软的（3）料]→加入[七分发的（4）料]→

加入［（5）料］→装入模具→冷冻→脱模→装饰。

3. 制作过程

（1）原料准备：①冷水浸泡吉利丁片；②鲜奶油打至七分发；③草莓切丁。

（2）将黄奶油、牛奶、炼乳装入不锈钢盆中隔水加热，不断搅拌至黄奶油完全熔化后离火，冷却至60℃。

（3）加入蛋黄，搅拌均匀。

（4）加入浸泡软的吉利丁片后，

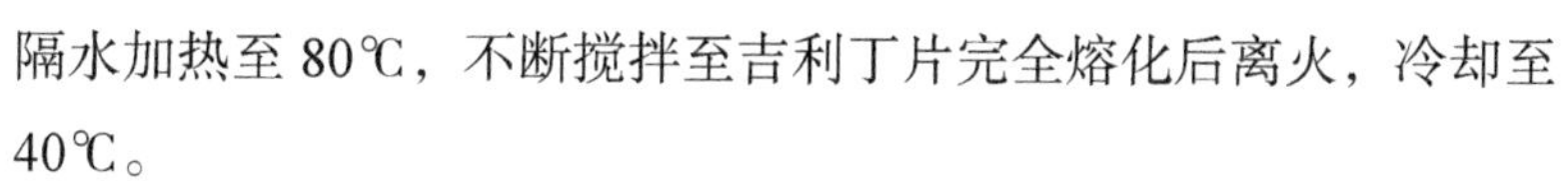

隔水加热至80℃，不断搅拌至吉利丁片完全熔化后离火，冷却至40℃。

（5）加入打至七分发的鲜奶油，搅拌均匀。

（6）加入草莓丁，搅拌均匀。

（7）装入模具，放入冰箱冷冻40分钟。

（8）脱模，装饰。

4. 质量标准

外形美观，组织细腻，口感绵软，红白相映，有草莓果味。

5. 技术要点

（1）吉利丁片一定要熔化彻底，不能有疙瘩。

（2）要正确掌握吉利丁片的使用量。

（3）鲜奶油的打发程度适当。

（4）原料的加入顺序适当。

（二）芒果杯

1. 原料

（1）水120克，柠檬汁40克（约4～5个），糖60克。

（2）慕斯粉 70 克。

（3）蛋黄 8 个（注：或 150 克黄油）。

（4）鲜奶油 500 克。

（5）芒果肉 400 克。

2. 工艺流程

原料准备→隔水加热 [（1）料] →加入 [（2）料] →冷却→加入 [（3）料] →加入 [七分发的（4）料] →加入 [（5）料] →装入模具→冷冻→装饰。

3. 制作过程

（1）原料准备：①鲜奶油打发至七分发；②芒果切丁；③柠檬榨汁。

（2）将水、柠檬汁、糖装入不锈钢盆中隔水加热，不断搅拌至糖完全溶化。

（3）加入慕斯粉，继续加入搅拌至溶化后离火，冷却至 60℃。

（4）加入蛋黄，搅拌均匀。

（5）加入打至七分发的鲜奶油，搅拌均匀。

（6）加入芒果丁，搅拌均匀。

（7）装入模具，放入冰箱冷冻 40 分钟。

（8）脱模，装饰。

4. 质量标准

外形美观，组织细腻，口感绵软，黄白相映，口味清香，有芒果果味。

5. 技术要点

（1）原料加入的先后顺序正确。

（2）鲜奶油的打发程度适当。

（三）黄桃果冻

1. 原料

水 800 克，黄桃汁 200 克，糖 150 克，果冻粉 100 克，黄桃适量，黄色素少许。

2. 工艺流程

原料准备→隔水加热（水、糖、黄桃汁）→加入（果冻粉）→冷却→加入（黄色素）→装入模具→冷冻→装饰。

3. 制作方法

（1）黄桃罐头切小丁，放入果冻杯中（约占果冻杯的 1/3)。

（2）水、黄桃汁（鲜水果榨汁）、糖、鱼胶粉装入盆中，加热至沸腾，不断搅动，去掉表面泡沫，约 2 ～ 3 分钟，关火。

（3）加入几滴桔黄色素，稍冷却。

（4）倒入装有黄桃丁的果冻杯中，去掉泡沫，量随意。

（5）入冰箱冷藏至凝固，取出装饰，表面挤奶油，撒巧克力碎。

4. 质量标准

成品形态美观、冻体晶莹、口味清爽、软硬适中、酸甜可口、黄桃味道浓郁。

5. 技术要点

（1）果冻定形时不可放入冷冻冰箱，否则成品将失去应有的光泽和质感。

（2）可用果汁代替水，口感更好，成本稍高。

（3）原料要先加糖，待糖溶化后再加入果冻粉。

（四）牛奶布丁

1. 原料

牛奶 500 克，糖 110 克，盐 2 克，吉利丁片 8 克，炼乳 50 克。

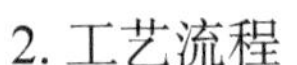
2. 工艺流程

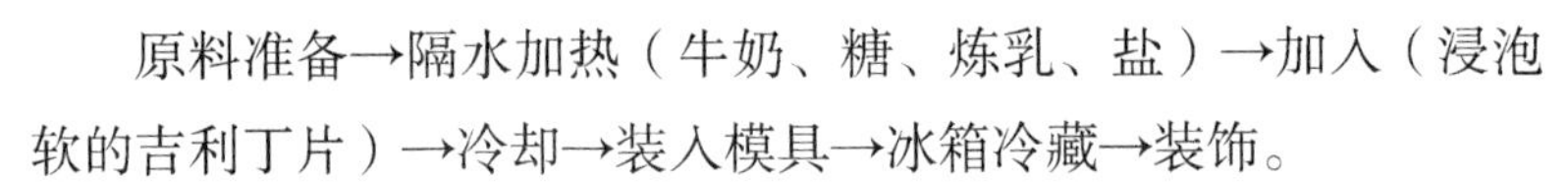
原料准备→隔水加热（牛奶、糖、炼乳、盐）→加入（浸泡软的吉利丁片）→冷却→装入模具→冰箱冷藏→装饰。

3. 制作过程

（1）原料准备：①冷水浸泡吉利丁片；②鲜奶油打至七分发。

（2）将牛奶、糖、盐、炼乳装入不锈钢盆中隔水加热，不断搅拌至糖完全溶化。

（3）加入浸泡软的吉利丁片，继续加入搅拌至熔化后离火冷却。

（4）装入模具，放入冰箱冷藏。

（5）装饰。

4. 质量标准

成品形态美观、软硬适中、口感细腻、香甜开口、有浓郁的奶香味。

5. 技术要点

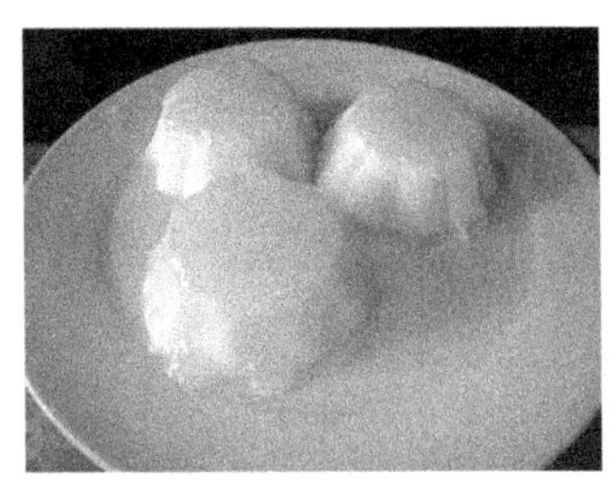

（1）吉利丁片一定要溶化彻底，不能有疙瘩。

（2）要正确掌握吉利丁片的使用量。

（3）鲜奶油的打发程度适当。

（4）原料的加入顺序正确。

（5）在调制布丁液体时，要将液体温度降至室温时，才能放入冰箱冷却。

附页　西式面点品种学习自评页

学习日期	
学习内容： 用料：	
工艺流程：	
操作方法：	
质量标准：	
遇到问题：	
自我分析：	
学习心得：